U0346901

建设社会主义新农村图示书系

图解核桃整形修剪

吴国良　段良骅　刘群龙　张鹏飞　编著

中国农业出版社

前言

　　核桃是世界范围内最重要的干果类树种之一，在我国的林果业生产中占有重要地位。近年来，特别是在我国施行保护生态环境、退耕还林政策以来，核桃种植面积迅速扩大，产量位居世界第一位。但是，直到目前为止，我国各核桃产区由于受诸多条件的限制，生产中仍存在着管理粗放、产量低、品质差的问题，尤其是大规模推广早实类核桃品种，由于栽植密度过大，出现了果园郁闭现象严重，通风透光差，果实品质低下，产业效益降低等诸多问题。在核桃生产中，整形修剪是树体管理的重要环节之一。通过修剪改善树体结构，促进通风透光从而提高产量和品质是行之有效的实用技术。十多年前，针对我国广大核桃主产区实际管理状况笔者编绘了《现代核桃整形修剪技术图解》（中国林业出版社，2000）的技术普及读物。但随着近年来核桃产业的迅猛发展，原书的内容已远远满足不了生产实际需求。

为此，我们在总结前人经验、吸收借鉴国内外先进管理技术的基础上，在进行广泛调查研究的同时，总结了我国北方各地及笔者30年来的核桃生产和科研的经验成果，三易其稿完成了《图解核桃整形修剪》一书。本书力求图文结合，形象直观，通俗易懂。

在本书编写过程中，山西农业大学图书馆陈国秀研究员，河南农业大学园艺学院硕士生朱超同学参加了部分工作，谨表谢忱。

限于时间和作者水平，书中错误在所难免，敬请读者指正。

编著者

目　录

核桃是世界分布很广的重要坚果和木本油料树种，在我国已有2 000年以上的栽培历史。核桃树可以说全身是宝：果仁营养价值高，除直接食用外，还可以榨油及用于食品加工。木材纹理美观、抗击力强，为重要军工用材。核桃树为高大落叶乔木，树高 10～20 米，寿命很长，广泛栽植还具有保持水土、防风挡尘、改善环境的效能。

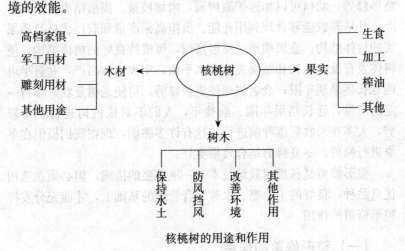

核桃树的用途和作用

一、整形修剪的
作用和时期

　　自然生长的核桃树，一般骨干枝耸立、树冠郁闭，枝条密生、交叉、重叠，光照和通风不良，内膛空虚，树势易衰弱，病虫严重；产量不高，果实品质低劣，易出现大小年结果现象。通过合理整形修剪，幼树可以加速扩展树冠，增加枝量，提前结果，早期丰产，并培养成能够合理利用光能、负担高额产量和获得优良品质果实的树体结构；盛果期通过整形修剪，可维持良好的树体结构，使树体发育维持生长和结果关系基本平衡，实现连年高产，并且尽可能延长盛果期年限；衰老树通过更新修剪，可使老树复壮，维持一定的产量，延长结果年限。前些年，人们不对核桃树进行冬季修剪，大多在采收后落叶前进行，这有许多弊病，现在我们提倡在冬季进行修剪，冬夏修剪结合效果更好。

　　整形修剪是核桃树栽培技术中一项重要的措施，但必须在选用优良品种，良好的土、肥、水等综合管理的基础上，才能充分发挥整形修剪的作用。

（一）整形修剪的作用

　　在正常情况下，核桃树整形修剪能增强树体的局部长势，削弱整体生长总量。这种既促进又削弱的作用，称为修剪的双重作用。整形修剪对核桃树的调节作用如下：

　　1. 调节核桃园群体的生态条件　通过整形修剪，可使树冠具有一定体积并形成良好形状、结构，充分利用空间和光热资源；对树冠株间距、行间距、冠高、冠下空间及叶幕总量的适度控制，可以维持整个核桃园群体良好的通风透光条件，不致因树体过于高大而造成全园郁闭（图 1-1）。

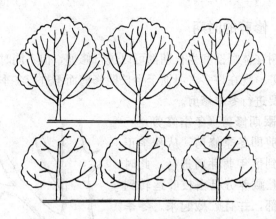

图 1-1　修剪的作用

2. 调节树体各部分的平衡，保持树体良好的营养状况　对局部枝条留壮枝壮芽适度短截修剪（包括疏除花芽、果实），可以刺激该枝旺盛生长；而对局部枝条留弱枝弱芽（包括多留花芽、果实）或过度强剪又可削弱该枝长势、控制生长量，从而达到枝间生长量的平衡。同样，通过整形修剪可以控制叶面积过度增长，使枝叶均匀分布，叶片大、厚、颜色深，叶片营养水平高，受光条件好，光合作用强；疏除过量花果，疏除细弱无效枝叶，可以改善树体枝叶的营养供应条件，使果树在肥水较差的情况下，保持良好的长势和营养状况。

3. 调节生长与结果的关系　疏除多余的营养枝，可以相对地加大结果比例；而适当地疏除果枝、花芽、果实，可以相对地加大营养枝比例，增强树势，调整生长结果的矛盾，达到生长与结果的协调。

4. 调节营养物质分配，调控核桃树生长　例如，开张骨干枝角度，可以减少该骨干枝的水分和矿质营养吸收分配，减缓生长强度，增加光合产物累积，有利于花芽形成；环剥可使光合产物在环

3

剥口以上各枝叶中积累，增加花芽形成量，同时暂时削弱根系生长，进而削弱全树的生长。

（二）修剪的时期

核桃树在休眠期和生长期都可以进行修剪，但不同时期修剪有不同的任务。现在许多人习惯于生长期修剪而不进行冬季修剪，但我们强调要进行冬季修剪。

1. 休眠期修剪（冬季修剪）休眠期修剪即冬季修剪，从秋季正常落叶后到翌年萌芽前进行，此时核桃树的贮藏养分已由枝叶运转到枝干和根部，并且贮藏起来。冬季修剪损失的养分最少，有利于增强树势和提高产量；同时这个时期修剪还可避开春秋大忙季节，利于安排劳力。许多对比试验都已证明了冬季修剪的优越性。过去人们认为核桃树休眠期修剪会引起伤流，必须在秋季落叶前或春季萌芽后到开花前进行修剪；但近来的研究表明：

图 1-2　核桃冬季修剪有伤流

核桃休眠期的伤流量大小随时间推移有变化，即 11~12 月和 3~4 月各有一高峰，而 1~2 月间伤流量最小（图 1-2）。建议在休眠期的 12 月中旬至翌年 3 月中旬进行修剪，会取得较好的效果（图 1-3）。

冬季修剪要完成的主要任务是培养骨干枝，平衡树势，调整从属关系；培养结果（母）枝组，控制辅养枝，促进部分枝条生长或形成花芽，控制枝量，调节生长枝与结果枝的比例和花芽量，控制树冠大小和稀密程度；改善树冠内膛的光照条件，以及对衰老树进行更新复壮修剪。

2. 生长期修剪　生长期修剪主要在夏、秋两季进行。夏季是核桃树生长的旺盛时期，也是控制旺长的好时机。一般利用夏剪控制枝势、均衡分配营养和减少营养消耗，以利树势缓和、促进花芽形成和提高坐果率，还能及早疏截密挤的新梢，改善树冠内部光照条件，提高果实质量和促进内膛花芽形成。常用的措施有疏花疏果、撑枝开角、摘心疏枝、环剥、环刻等。

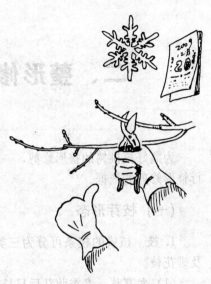

图 1-3　冬季修剪好

　　秋季落叶前对旺长树进行修剪，可起到控制树势和控制枝条旺长的作用，促使营养转向充实枝条和花芽。此时疏除大枝，回缩修剪，对局部的刺激作用较小，常用于一些长势过旺的树。秋季剪去新梢未成熟的或木质化不良的部分，可促进充实枝条使树体及早进入休眠期，有利于幼树越冬。秋季枝条幼嫩的部分不剪而留在树上，往往越冬困难而失水干缩，甚至枯死。

　　总之，不同时期的修剪各具有一些特点，生产上应根据具体情况相互配合、综合应用，以达到培养合理的树体结构，提高产量和品质的目的。

二、整形修剪的依据

　　为搞好核桃树的整形修剪，一定要了解其生物学特性，这是进行整形修剪的依据。

（一）枝芽形态

　　1. 枝　核桃的枝条可分为三类：发育枝、结果母枝、结果枝及雄花枝。

　　（1）发育枝　春季萌芽后只长枝叶不结果的枝条叫发育枝，如能分化出混合芽来就是结果母枝。发育枝根据其生长状态又可分为生长枝（营养枝）、徒长枝及二次枝（图2-1）。

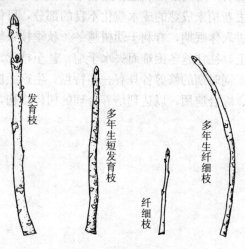

图 2-1　核桃树的各类发育枝

　　幼树未结果时，新发枝条全是发育枝，是构成树体骨架的枝条。发育枝长者可达1～2米，短的仅10厘米上下。当树体有一定量的营养积累时，中、短发育枝将形成混合芽发育成结果母枝。纤细枝很细，直径仅0.5厘米或更小，是细弱枝，既长不成树体骨架，也不能发育成结果母枝。一般属疏剪的对象。只有在遇到强刺激，如重回缩、营养充足、光照改善，方能转化为强壮的发育枝。

　　徒长枝：大部分由潜伏芽萌发产生，生长速度快，长势旺，但组织不充实，长度多在1米以上，常直立生长。徒长枝多见于更新修剪过的老树，其经改造可以成为结果（母）枝组或培养成新的骨干枝；幼树上的徒长枝易扰乱树形，又消耗养分，应及早疏除（图2-2）。老树更新修剪所萌生的徒长枝，可以培养为树体新的骨干枝，也可改造为结果（母）枝组，这取决于其生长的位置。适于作

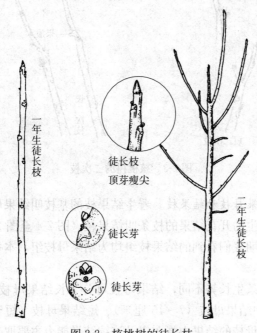

图 2-2　核桃树的徒长枝

主枝的培养主枝，处于侧枝位置上的改造为侧枝，其余有空间培养枝组，无空间者则疏除。早实核桃的徒长枝第二年也能结果，称为徒长性结果母枝，可利用结果。

二次枝：结果枝春季结果后又从顶部抽生的枝条，营养条件好，生长粗壮的梢端可分化出混合芽，否则仅为二次枝发育枝（图2-3）。细小的二次枝仅数厘米长，粗壮的二次枝可长达30～50厘米。晚实核桃二次枝较少，早实核桃较多，可以迅速扩大结果，但过多了，结果过量易使树体迅速衰弱，也会造成树冠紊乱郁闭。

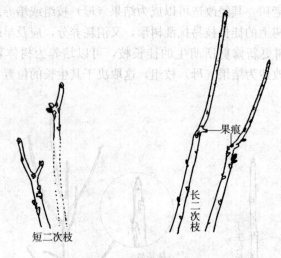

果痕

长二次枝

短二次枝

图2-3 核桃树的二次枝

（2）结果母枝和结果枝 着生结果枝的基枝叫结果母枝，由结果母枝上萌生的开花结果的枝条叫结果枝（图2-4至图2-6）。实际上，在休眠期我们看到的结果枝组均为结果母枝组，本书中亦采用此说法。

由于枝条生长势不同，结果母枝可分为长结果母枝（长15厘米以上）、中结果母枝（7～15厘米）、短结果母枝（短于7厘米）。通常，结果母枝的结果力强弱以及连续结果能力主要取决于结果母

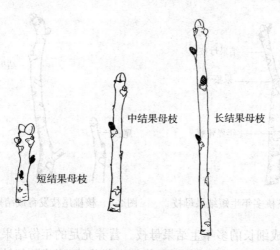

中结果母枝   长结果母枝

短结果母枝

图 2-4-1　核桃树的结果母枝

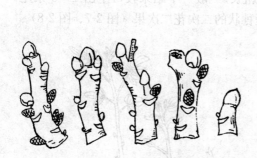

图 2-4-2　早实核桃短结果母枝

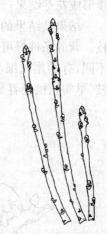

图 2-4-3　核桃长结果母枝

枝的健壮与否；同时也与结果母枝的长短及早晚实特性有关。树上
着生各类结果母枝的数量因树龄和枝势及品种类型而不同：幼龄
树、生长势强的树及晚实类核桃树上长、中结果母枝多，大龄树、
生长衰弱树及早实类核桃树中、短结果母枝多。核桃短果枝连续延伸

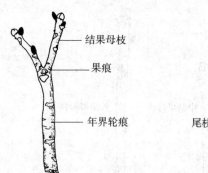

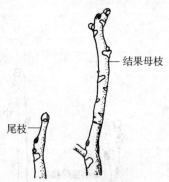

图 2-5 核桃多年生短结果母枝　　图 2-6 核桃尾枝发育成结果母枝

数年，形成细长的多年生结果母枝。营养充足的年份结果母枝可连续形成花芽结果；营养不足时只能长成营养枝，形成隔年结果。

　　结果枝结果的当年营养充足时，顶部还能长出二次枝，即尾枝。营养条件好可再形成花芽，否则只能形成营养枝。由于生长强弱不同，有的尾枝细小，有的粗长。一般一个结果枝可生出 1～3 条尾枝。早实核桃还容易形成呈穗状的二次花二次果（图 2-7、图 2-8）。

图 2-7 早实品种二次枝发育过程

　　（3）雄花枝　雄花枝一般长 3～5 厘米，只着生雄花，不萌发新枝，雄花序脱落后便全枝干枯。还有一种顶芽瘦小，侧芽全为雄花芽的枝条，亦为雄花枝，落花后顶端萌生弱枝（图 2-9、图 2-10）。雄花枝多着生于树冠的内膛，是树体长势衰弱的表现。一般生长较强旺的枝上也有雄花芽，但不能称之为雄花枝，顶芽能结果的称结果母枝，不能结果的也属发育枝类。

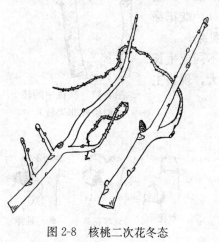

图 2-8　核桃二次花冬态

图 2-9　核桃雄花枝

图 2-10　雄花枝萌芽与开花状

　　另外，核桃树上还有单轴延伸或具分枝的多年生枝，为似果枝非果枝的中间枝。中间枝不结果，也属发育枝，光照和营养充足时可发育为结果母枝（图 2-11）。

2. 芽

（1）核桃芽的分类（图 2-12） 按芽的性质分，有混合芽（雌花芽）、雄花芽、叶芽；按芽的位置分，有顶芽、侧芽（腋芽）。枝条基部的侧芽（腋芽）很小，通常不萌发，又叫潜伏芽（隐芽）。雄花芽外无起保护作用的鳞片，属于裸芽。

由于所属品种不同、枝类不同或生长条件不同，同一种芽变化性也大，现将主要形状介绍于下。

（2）芽的形态

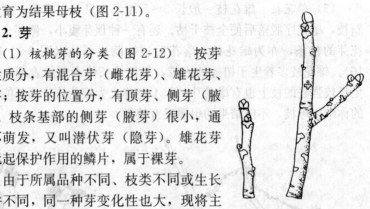

图 2-11 核桃中间枝
（似果枝非果枝）

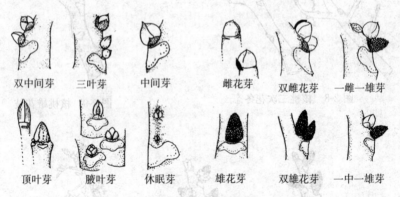

图 2-12 核桃芽的分类

混合芽：晚实品种的混合芽多着生于枝条顶部的 1～3 节，单芽着生，或双芽着生，芽体肥大，呈钝圆形，鳞片圆而紧抱，萌发后先长枝叶，随后在枝端着生雌花而开花结果，形成结果枝。核桃顶芽在萌动后遇晚霜危害受冻时其下的副芽常可萌发形成发育枝。早实品种除顶芽是混合芽外，侧芽的 80%～90% 也为混合芽。

叶芽：又称营养芽，着生在发育枝的顶端和侧面，芽体较大，呈圆锥形，芽鳞片中部有纵向的棱状突起；着生于叶腋间的芽体稍小，在结果母枝上多着生在雄花芽以上，或与雄花芽上下排列呈复芽状。叶芽因着生部位及营养状况不同，其形状、大小差异很大，一般由枝端向下依次减小。

雄花芽：多着生于枝条中、下部，单芽或双芽上下聚生，呈顶部稍细的圆柱形，形似松树的球果，芽基有很小的鳞片，不能覆盖芽体，故为裸芽。雄花芽为纯花芽，萌动后伸长形成雄花序，为柔荑花序。雄花枝除顶芽外全部是雄花芽。

潜伏芽：着生在枝条基部，紧贴该枝的母枝，芽体扁小、瘦弱，一般条件下不萌发。潜伏芽随枝条加粗生长被埋没于树皮中，故称隐芽。寿命长，可达数十年，当上部枝条受伤或遇到刺激时常萌发为徒长枝。

此外，还有不定芽，是枝干受刺激临时形成的芽，多萌生徒长枝。其他芽的类型见图2-13，为芽体密集及丛状芽和丛状极短枝，将来萌发形成三叉枝。

仔细了解核桃各个时期的生长发育情况，有助于精细管理。核桃的花芽分化（图2-

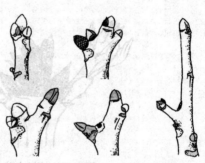

图 2-13　丛状芽及丛状极短枝

14）从当年6月上旬开始直至翌年春天，花芽的分化动态直接关系到产量的高低，尤其要认真对待。因此，每年的6月上旬为核桃生长的肥水临界期，栽培管理上要注意增施肥水，有利于花芽分化。

由于气温过低，主芽（花芽）受冻，当年则不能开花结果。副芽萌发成枝翌年可望结果。树体休眠期-28～-26℃低温部分花芽受冻；而芽萌动后-4～-2℃即受冻。早实遇核桃侧生混合芽一长串，枝条前段的先开花受冻后，后部后开的花还可补充部分产量，是一个优良的特性（图2-15）。

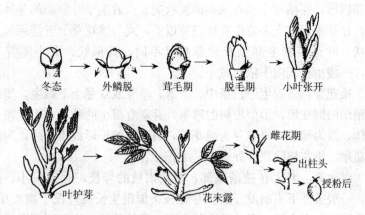

冬态　　　外鳞脱　　茸毛期　　脱毛期　　小叶张开

叶护芽　　　　　花未露

雌花期

出柱头

授粉后

图 2-14　核桃花芽动态图

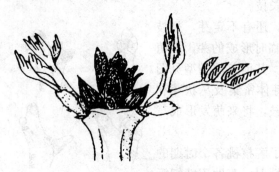

图 2-15　核桃主芽受冻（副芽萌发）

（二）树冠

1. 树冠形状与结果部位　不加修剪的放任树，多呈半圆形或自然圆头形，树体高大，枝条繁多，树冠郁闭，内膛光照差，结果部位外移，呈表面结果。通过人工整形修剪，可改变树冠结构呈纺锤形、小冠疏层形、开心形等，树形内膛通透，结果部位增多，除外围结果增多外，内膛也可充分结果，称之为立体结果，产量品质均有提高（图 2-16）。由于整形修剪对树冠整体的削弱，经人工整形修剪的树冠一般都小于放任树，早实核桃小于晚实核桃树，密植树小于稀植树。

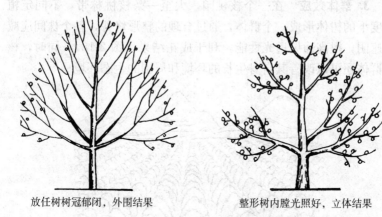

放任树树冠郁闭，外围结果　　　　　　整形树内膛光照好，立体结果

图 2-16　树冠形状与结果部位

2. 树冠的枝类构成　　树冠是由各类枝条构架形成的，在一株树上，根据枝条生长结果习性及在树体中的相对位置和功能，可把枝条分成多种类型（图 2-17）。核桃树的整形修剪就是通过调节这些枝类数量和长势来改善树冠结构，达到丰产、稳产、优质的目的。

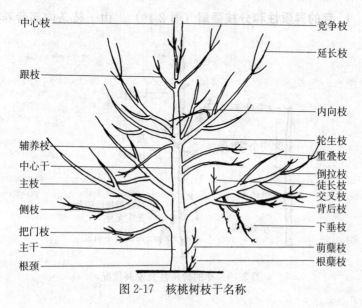

图 2-17　核桃树枝干名称

3. 群体效应 在一个核桃园，大至一条核桃林带，不同定植密度下的树体形成一个群体，通过合理的整形修剪，各个株间应减少遮阴，提高通风透光性能，利于成花结果（图 2-18）。同时，核桃群体还可以改善其自身生长的环境和周围的生态环境。

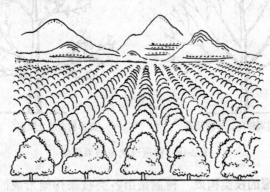

图 2-18　核桃树群体效应

（三）与修剪有关的生长及结果习性

1. 芽的异质性和分枝强弱（图 2-19）　由于枝条内部营养状

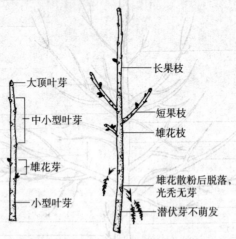

图 2-19　芽的异质性及发展状况

况和外部环境条件的不同，生长在同一枝条上不同部位的芽，存在着质的差异现象，称芽的异质性。

核桃的发育枝上芽位高低不同、形成的早晚不同，芽体大小有别、叶片大小数量不同；形成时所处季节不同，本枝及全树枝条生长快慢不同而形成芽质的差异：顶端为大叶芽，侧芽由上向下逐渐变小，着生于枝条中部的芽单生或复生，有的是双叶芽，有的是双雄花芽，亦有一雄一叶芽复生的。顶端向下的数个芽因其芽体大，萌发后长成长短不等的枝条，形成分枝。中部的多数叶芽在芽体膨大后，因营养供给不足便自行脱落，雄花芽开放散粉后也干枯脱落，形成了中部光秃带。

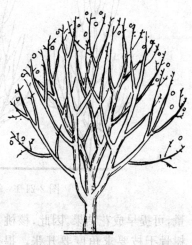

图 2-20　结果部位外移

基部的芽由于营养差、体积小，基本不萌发而成潜伏芽。这样，核桃树的发育枝其发枝情况是顶芽发长枝，其下发短枝，中下部为光秃带，多年生长后，下部枝枯死导致枝位上升，结果部位外移(图 2-20)。

2. 发育枝的分枝力　发育枝分枝力的强弱是核桃早、晚实类型的区别之一，早实核桃在第二年可大量分枝，其分枝率可达30%~43%，而晚实核桃的分枝力则很低，在10%以下。当树体开张角度较大时，常可增强其分枝能力。分枝增多，分散养分缓和生长，有利于营养的积累，从而促进了花芽分化，为早果丰产奠定了基础。分枝增多，叶片也相对增多，制造有机营养也就多了，也促进了营养的积累，这是分枝增多的第二个作用。但分枝过多，光照不良，这就需通过整形修剪调节，幼树主枝较多时，主枝的开张角也变大，主枝少时主枝较直立（图 2-21-1）。

核桃枝条生长的极性较强，直立的枝条极性强，生长势旺，倾斜枝的极性生长削弱，生长势转向两侧，两侧枝易扩大，增加枝叶

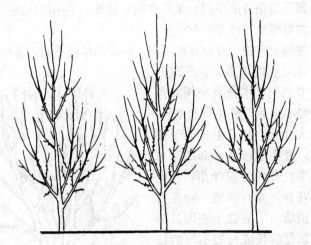

图 2-21-1　幼龄树枝条直立

量,可提早成花结果。因此,核桃树骨干枝要求角度要开张,提高分枝力,增加侧生枝条数量,有利于开花结果（图 2-21-2）。

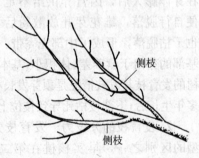

图 2-21-2　核桃倾斜枝两侧枝易扩大

主枝数量多开张角大,分枝力强,有利于早果丰产。主枝少角度小也可获得较多的光照,可以结果,但结果部位少,结果数量少,产量低。主枝多了,若也直立,势必密挤,光照不良使结果减少;开张角度后,容易促发侧枝,虽然枝条多,但光照得到了改善,可以多结果,结好果。

3. 枝条的顶端优势与"倒拉枝"习性　所谓顶端优势就是指,在树体中直立生长的枝和位居顶端的枝条生长最强旺,表现出生长占优势的特点。倾斜枝的顶端变低,优势也随之削弱,水平枝则无高耸顶端,也无什么优势;位居顶端的枝条改变角度后生长稍变缓,中、后部生长转强,表现是萌生枝增多,位置靠下方的枝条生长势逐次递减,前后生长势均等,生长缓和发枝均匀,有利于成花结果。

一般的乔木树种都有较强的顶端优势，其优势大小常因品种类型、树龄树势、栽植方式不同而异（图2-22）。早实品种极性生长弱而离心生长早，故顶端优势弱于晚实类型。幼树、生长旺盛的树，比老龄树及衰弱树的顶端优势强。一般而言，顶端优势在直立生长、平斜生长及下垂生长的枝类中依次减弱，换句话说即幼树旺树顶端优势强，枝条角度大的顶端优势要弱（图2-23）。利用这些特点，幼树整形期间为及早扩大树冠，发育枝应减少短截，利用顶芽的顶端优势作用促发粗壮的长枝尽快扩大树冠。

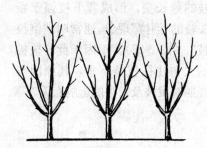

稀植优势不明显　　　　　　密植顶端优势明显

图2-22　不同栽植方式的顶端优势差异

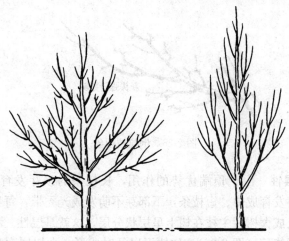

图2-23　枝条角度与顶端优势

核桃树发枝和生长有它的特殊性：树冠外围直立枝受光一侧发枝少，背光一侧发枝多；而冠内直立枝受光均匀，发枝均匀（图 2-24）。平斜枝萌发后抽生的枝条角度较大，盛果期大树分枝多横向生长，背后枝虽然分角大，但长势仍很强，多数强于原骨干枝的延长头，形成背下枝强于领头枝的"倒拉"现象，通常叫"倒拉枝"（图 2-25）。正因于此，核桃的大树往往枝条下垂，其原因与光照对发枝及长势的影响有关。

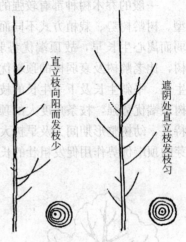

图 2-24　直拉枝发枝状

新头强于原头

图 2-25　倒拉枝现象

4. 层性　由于顶端优势的作用，长枝条的顶芽发育成大条，上中部芽发育成中、短枝条，下部芽不萌发成光秃带，每年如此生长这样长成大树后主枝在树上呈层状分层，这就是层性。利用层性进行整形修剪（图 2-26），幼树可以及时成形，大树层次分明光照

良好，高产稳产、优质。对结果
（母）枝组，短截长梢，促发短枝，
改变光秃现象，促使树形紧凑。整
形阶段主枝选留时应注意层内距离
适当，以免形成大树主枝邻接（图
2-27），造成"卡脖"现象，上层主
枝长不起来而树势失衡。主枝"卡
脖"使结构不牢固，中干衰弱。幼
树整形期遗留主枝，邻近排列则可
避免此类缺点。

5. 主从分明与平衡树势 树上
枝条分布由顶端优势和层性的作用
而呈层状分布，以全树或某个骨干

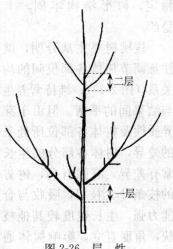

图 2-26 层 性

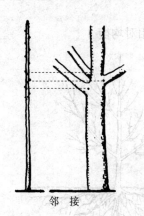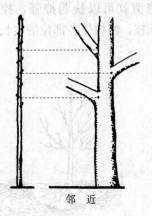

邻 接 　　　　　　　　　 邻 近

图 2-27 主枝邻接与邻近配置

枝而言，下部（早形成的）与上部（晚形成的）要保持大小与高低
的等级差别关系。即先长的要大而高，为主；后长的要比它小而
低，为从。从树体结构上讲就是中心干强于主枝，主枝强于侧枝，
其余类推（图 2-28），这样的结构就是主从分明，其特点是大枝在
下，小枝在上，小枝挡光少，大枝受光多，通风透光好，结果部位

稳定，树形结构牢固，丰产稳产。

核桃树要主从分明，就要注意调节树体各部位间的均衡关系（图2-29），维持营养生长与结果间的平衡。但由于芽的异质性及树体各部位所处条件的差异，树体各部分的生长势常有差异，有强有弱，树势强的枝条叶大枝粗，吸收与合成能力强，生长速度较其他枝条快，角度直立，影响树体通风透光，破坏了枝干间的协调性。通过修剪就可以扶弱抑强，控制强旺枝，使树体各部位的生长量相对均衡。

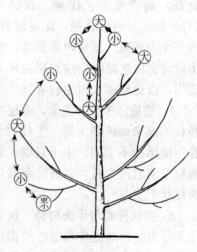

图 2-28　从属关系示意图

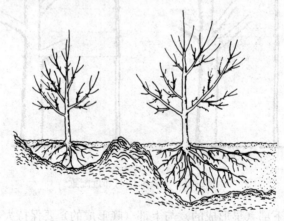

图 2-29　树体地上部与地下部平衡关系

图2-29所示为根系受到抑制，枝条生长同样也会受到抑制。全树根系受抑制导致全树枝条受抑制；一侧根系受抑制，同侧枝条生长也受抑制。

树干高低对树冠大小影响很大，这与树冠体积和叶面积大小有关：树干低体积小，增粗耗费的营养少，树干高要增粗到与低干同样的量，需要大量的营养，要费很长时间；树干难增粗，树冠就大不了。这样，制造得营养少，树干就更粗不了，细主干上长不出大树冠来。树干低的树冠大，树干高的树冠小（图2-30）。

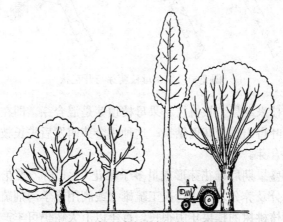

图 2-30　树干高低与树干大小的关系

6. 结果习性　核桃树因其自然结果习性的早晚可分为早实和晚实两类，由此而形成的坚果性状、丰产性及适应性等诸多方面的显著差异，生产上应予以注意。

仅就始果年龄而言，因品种类型及苗木类型而异。若是嫁接苗，早实核桃定植当年即开始结果，晚实核桃则需3～4年；若是实生苗（用核桃播种后未嫁接者），早实核桃1～3年也可结果，晚实核桃树则需要8～10年甚至更长（图2-31）。

再就结果部位而言，早晚实核桃均以顶芽结果为主，而侧芽形成结果枝的比率高低正是早晚实核桃的主要区别之一：早实类品种的侧芽果枝率可高达70%～80%，晚实类品种的仅20%以下。这是两类品种早期丰产性差异的根本原因。

核桃幼树雄花开始形成晚于雌花1～2年，故初植园除了需配置授粉树还需人工授粉。所谓结果母枝就是结果枝之母，在其上生

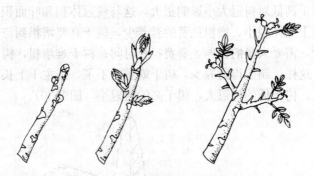

图 2-31　结果母枝萌芽与开花状

长出结果枝来结果。核桃树结果母枝顶芽是混合芽，即在萌发生长后先长枝叶再出现雌花而结果。这种一个芽萌发后先长枝叶后长花的芽叫混合芽。

进入盛果期后雄花芽形成量多于雌花 5～6 倍，雄花开放要耗掉大量水分及养分，故进行人工疏雄（或利用化学药剂疏雄）可增加产量。核桃树的挂果年限很长，百年以上大树仍可丰产。

图 2-32 所示为核桃开花状，看一下雄花和雌花的形状和构造

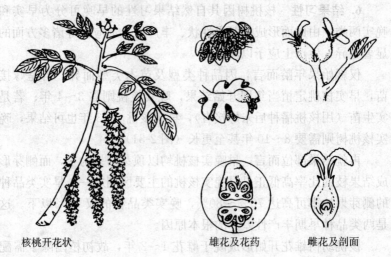

核桃开花状　　　　　雄花及花药　　　雌花及剖面

图 2-32　核桃开花状及花器构造

可以帮助大家深刻认识雄花及雌花，以利于花果管理。雄花序为细长穗状的柔荑花序，有小花多达 100 朵以上，每小花有雄蕊 15～20 个，膨大的花药中有很多花粉。雄花成熟，花药开裂，大量花粉散出，随风散落而落到雌花柱头上，达到授粉的目的。雌花多为双生，柱头浅黄色分成两叉羽毛状，下有圆形总苞、4 裂萼片生于总苞上部，子房下位。羽毛状的柱头上分泌黏液，花粉散上被黏着，长出花粉管伸入子房，达到受精的目的。早实核桃有时还会出现二次花及雌雄同花现象。雌花和雄花在同一株树上不同期开放，雄花先开的称雄先型，雌花先开的称雌先型；二者往往花期不遇，不能授粉而需要配置授粉树。核桃树还有相当比例的孤雌生殖现象，即不需要授粉也可坐果。

核桃树不同的结果母枝坐果率有差异，高低悬殊：长结果母枝坐果率较低，小于 10％，短结果母枝坐果率最高，大于 50％，中结果母枝坐果率30％～40％，粗壮的结果多而大，细弱的少而不稳（图 2-33）。这种结果大而多和小而少的原因是粗壮的结果母枝营养充足，细弱的营养不足之故。栽培者要尽量多培养粗壮的结果母枝，达到丰产优质高效的目的。

图 2-33　结果母枝与结果的关系

在同一母枝上，多数品种以顶花芽及其以下1～3个侧花芽结果最好，向下依次质量降低。

早实核桃的侧生混合芽多，为 80％以上，结果能力较强，在正常管理条件下早果丰产性强。核桃结果枝上着生雌花的多少因品种类型而异，一序一花及一序三花占少数，一序二花占绝大多数。有些品种如穗状核桃一花序有十几朵雌花，最多达 30 多朵花，结果如葡萄穗状，故又称葡萄状核桃（图 2-34），早实核桃的二次果也是一长串。

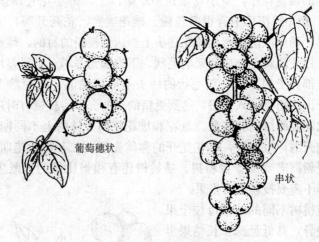

葡萄穗状

串状

图 2-34　穗状核桃

三、主要树形结构及整形过程

（一）常见的树形及结构

核桃树为高大的乔木，生长旺盛，生产上依据其品种特性，采用不同的树形。干性强，顶端优势明显，树姿直立的品种，如晚实核桃类，多采用具有中心干的疏散分层形（图 3-1）；干性较弱，顶端优势不明显，分枝多，树姿较开张的类型，如早实核桃类，多采用自然开心形（图 3-2）。

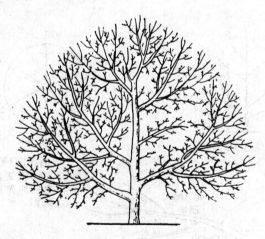

图 3-1 疏散分层形核桃树

1. 疏散分层形 树形有明显的中心干，主枝分层分散在中心干上，有 5～7 个主枝，树形直立。其特点是：树冠高大，枝条多，结果部位多，产量高，但盛果期后树冠易郁闭，内膛易光秃，产量

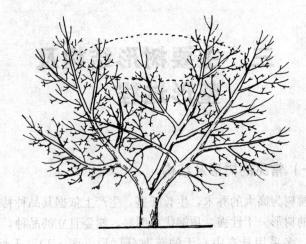

图 3-2　开心形核桃树

下降（图 3-3）。

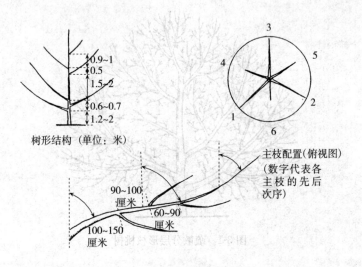

树形结构（单位：米）

0.9~1
0.5
1.5~2
0.6~0.7
1.2~2

主枝配置(俯视图)
(数字代表各
主枝的先后
次序)

90~100
厘米

60~90
厘米

100~150
厘米

图 3-3　疏层形核桃树模式

2. 自然开心形　该树形主枝较少，无中心干，成形快，结果早，各级骨干枝安排较灵活，易整形；幼树树形较直立，进入结果期后逐渐开张，通风透光好，易管理。生长于土层较薄的山坡地，梯田上的树及树冠开张的品种均易整成此形（图3-4）。

根据主枝的多少，开心形可以分为两大主枝开心形、三

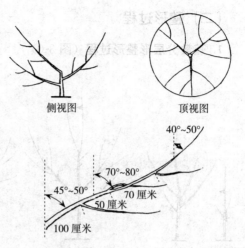

侧视图　　　　　　顶视图

图 3-4　开心形

大主枝开心形及多主枝开心形，其中以三大主枝开心形较为常见。又依开张角度大小，分为多干形、挺身形等（图3-5）。在放任生长的核桃树中，这类树形是常见的，大多属丰产型。

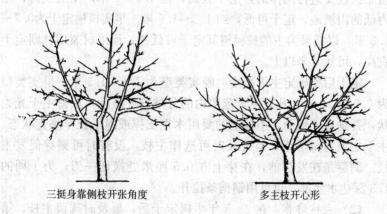

三挺身靠侧枝开张角度　　　　　　多主枝开心形

图 3-5　开心形树形

（二）整形过程

1. 疏散分层形整形过程（图 3-6）

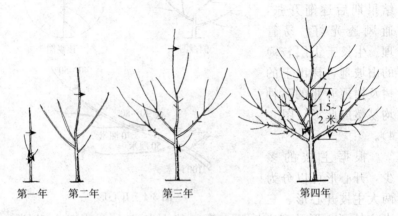

第一年　第二年　　　　第三年　　　　　　　第四年

图 3-6　疏层形修剪 1～4 年

（1）定干及主干高度　定干高度为 1.2～2 米，具体尺寸应依立地条件、管理方式及经营目的而异。立地条件好，土层深厚、土质肥沃且要进行间作的，定干宜高，约 1.5～2 米；土层浅薄，肥力低的山坡地，定干可低，约 1.2～1.5 米。早实核桃定干为 0.7～1.3 米，以结果为主的核桃树其定干可低些，而果材兼用林则定干宜高，可达 3 米以上。

定干后要确定主干高度，晚实类型为 1.0～1.5 米，早实类型为 0.5～1.0 米。凡在主干范围内的分枝均要疏除，保持主干光秃状，并垂直于地面，不标准的要用木棍支撑或绳子拉至垂直状态。主干之上为整形带，有分枝时可选作主枝，没有时可刻芽促发主枝。刻芽是在发芽前，在芽上方 0.5 厘米处横切一刀，为干周的 1/3 深达木质部，也可用钢锯条拉开。

（2）主枝培养　在 2～3 生树定干后，要及时选留主枝。第一层主枝一般为 3 个，它们是结果的主体，一定要选角度好、方向正、位置适当、生长健壮的枝条进行培养，有的树长势差，发枝少，可分为两年培养。三主枝的水平夹角应是 120°，与中心干的夹角为 60°～65°，三主枝的层内距应为 60～70 厘米，且要错落排列开，避免邻接，防止主枝长后对中央干形成"卡脖"现象。在第一层主枝选留 2～3 年后，可选留第二层主枝，层间距为 1.5～2 米数量 2 个，早实类型层间距可小，晚实类型的宜大些。第三层主枝在定植后 7 年左右选留，与第二层间距可适当小些，约 0.9～1 米。早实核桃层内距应为 20～30 厘米，层间距为 80～100 厘米为宜。

主枝长出后要调节其开张角度，一般基角 50°，腰角 70°，梢角 60°。可用木棍支撑或绳子拉至地面钉的木橛上。主枝上拴绳时要留大空间，防止勒伤主枝。上层主枝开角要稍小些。

（3）侧枝培养 定植后 4～6 年，即在开始选留第二层主枝的同时，可在第一层主枝上选留侧枝。一般第一层主枝上选留 3～5 个侧枝，第二层主枝上选留 2～3 个侧枝，三层主枝上选留 2 个侧枝。选留侧枝时，侧枝与主干的距离应为 50～80 厘米，早实品种可近，晚实品种宜远。侧枝与主枝的水平夹角以 45°左右较理想，主枝上选留的侧枝要左右错开方向，3 个主枝同级侧枝要选在主枝的同侧方向，或顺时针方向或反时针方向，避免出现"对头侧"和"把门侧"而发生交叉遮光。相邻二主枝的同级侧枝在二主枝的夹角内相对着生为对头侧，其第一侧枝距主干过近叫"把门侧"。同一主枝上各侧枝间位置要适当：在第一侧枝的对侧选第二侧枝，二者间距应为 0.9～1.0 米，第三侧枝与第一侧枝在主枝的同侧，与第二侧枝的间距可缩小。侧枝的开张角度要大于主枝开张角 5°～10°，以缓和枝势及增加发展空间。

（4）骨干枝生长势的调整 主、侧枝是树体的骨架，叫骨干枝，整形过程中要保证骨架坚固，协调主从关系。定植 4～5 年后，树形结构已初步固定，但树冠的骨架还未完成，每年应剪截各级枝的延长枝，促使分枝。7～8 年后主、侧枝已初步选出，整形工作大体完成。在此之前，要调节各级骨干枝的生长势保持一致，过强的应加大角度，或疏除过旺侧生枝，特别是控制竞争枝。中心干较弱时可在中心干上多留辅养枝，并保证中心干垂直，不要造伤口，主枝生长势弱的可扶起角度，通过调整，使树体各级主、侧枝长势均衡。

2. 开心形整形过程（图 3-7）

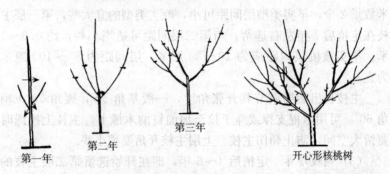

第一年　　第二年　　第三年　　开心形核桃树

图 3-7　开心形核桃树整形过程

（1）**定干**　同前。果材兼用型品种不采用开心形。

（2）**主、侧枝培养**　主枝数多为 2~4 个，在定干高度上按不同方位选留 2~4 个枝条，由于无中央干，最上部一个主枝往往直立生长，应及时牵引开张角度，以平衡各主枝间的生长势。

各主枝基部在中心干上的（整形带）垂直距离一般为 20~40 厘米，长势应一致，且不能培养邻接主枝以保证其牢固性。各主枝开张角应为 40°~60°。每个主枝上选留 3~4 个侧枝，侧枝间上下左右要错开，保证分布均匀。第一侧枝距主干的距离为：晚实核桃 0.8~1 米，早实核桃约 0.6 米。在较大的开心形树体中，还可在一级侧枝上选留二级侧枝，一个侧枝上的二级侧枝数可为 1~2 个，其上再培养结果（母）枝组，这样还可以增加结果部位，使树形丰满。侧枝要选留外斜侧枝，以利扩大树冠和开张角度，主枝角度小的更要加大其侧枝的开张角度。

四、主要修剪技术及其反应

（一）主要修剪技术

修剪技术有短截、回缩、疏枝、长放、开张角度、除萌、摘心、环剥环割等。科学运用修剪技术，达到整形修剪的目的。

1. 短截 剪去一年生枝条的一部分叫短截，作用是调节延伸长度，促进新梢生长，增加分枝。通过短截，改变了剪口芽的顶端优势，剪口部位新梢生长旺盛，能促进分枝，提高成枝力（图4-1）。短截还加大枝干的尖削度，增加枝干负担产量的能力，保持树形的稳定性。

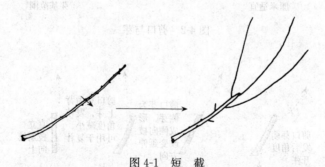

图 4-1 短 截

按剪截量或剪留量区分，短截有轻、重之分。适度短截对枝条有局部刺激作用，可以促进剪口芽萌发，达到分枝、延长、更新等目的；但短截后总的枝叶量减少，有减少母枝加新梢的总高度和延缓母枝加粗的抑制作用。

短截时可利用剪口芽的异质性调节新梢的生长势，生产上应因枝势、品种及芽的质量而综合考虑。在生长健壮的树上，对一年生枝短截，从局部看是促进了新梢生长。从全树总体上看却是缩小了树体，连年进行短截修剪的树，虽然新梢生长旺盛，从整体上看树冠小于同等条件下生长的甩放树。

短截时剪口角度及留芽位置与以后发枝角度、成枝状况有一定关系（图 4-2 至图 4-4），下剪前予以考虑，不能忽视。我们每短截

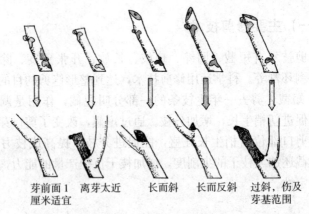

芽前面 1　　离芽太近　　长而斜　　长而反斜　　过斜，伤及
厘米适宜　　　　　　　　　　　　　　　　　　芽基范围

图 4-2　剪口与芽

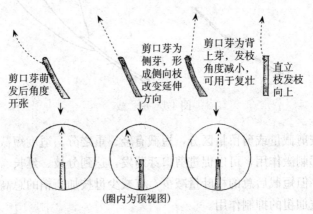

剪口芽萌
发后角度
开张

剪口芽为
侧芽，形
成侧向枝
改变延伸
方向

剪口芽为背
上芽，发枝
角度减小，
可用于复壮

直立
枝发枝
向上

(圈内为顶视图)

图 4-3　倾斜枝剪口芽的方向

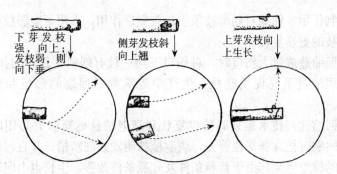

下芽发枝强，向上；发枝弱，则向下垂

侧芽发枝斜向上翘

上芽发枝向上生长

图 4-4　水平枝剪口芽方向与发芽态

一个枝条，在下剪时一定要认清剪口芽的方向位置。短截留芽改变方向，将来发枝也改变方向，因而改变了整个枝条的方向和布局。剪口芽的方向一定要留在枝条生长发展的方向，否则越剪越乱。

水平枝条生长缓和，利于结果。此类枝生长健壮，为维持其生长势，常留下芽剪，如想改变其发展方向，可将剪口芽留在发展一侧，新梢即向一侧伸展。水平枝若趋于衰弱，为使其转弱为强，就留上芽，使新梢抬头向上生长，增强生长势。

短截时剪口的形状及距剪口芽的远近对剪口芽的影响很大，要十分注意。如剪口伤害了剪口芽不能发枝，第二芽代替使枝条长到原计划的相反方向，扰乱了树体。干死的残桩还会招致病虫害。有的即使未影响剪口枝的生长，但残桩的危害还会存在。

核桃树的不同品种，对短截的反应差异较大。土壤及水肥等管理条件对修剪反应也有很大影响，实际应用中应考虑品种特性、具体的修剪反应和立地条件，掌握规律、灵活运用。

2. 回缩　2 年生以上枝条进行短截叫回缩，也叫缩剪（图 4-5）。回缩的作用：一是复壮作用，二

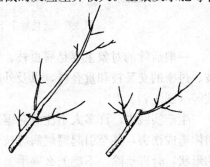

图 4-5　多年生枝回缩不易冒条

是抑制作用。回缩对局部枝条生长有促进作用，常用于衰弱枝组及骨干枝的更新复壮。

回缩造成过大伤口时，对伤口下第一枝有削弱生长势的作用，旺树回缩过重易促发旺枝，生产中应掌握好回缩的部位和轻重程度。

回缩这一技术是衰弱枝组复壮和衰老植株更新修剪必用的技术。回缩时把衰弱部位剪去，刺激植株萌发强旺新梢；并且回缩时留下的枝组后半部由于营养条件及光照条件改善，生长也由弱转强有利于结果。

3. 疏枝　枝条从基部剪除称疏枝，也称疏剪。由于疏剪去除了部分枝条，改善了光照，有利于枝条生长及组织充实，可促进花芽分化和丰产优质。

树体在疏剪后，对伤口以上枝条生长有削弱作用，对伤口以下枝条有促进作用（图4-6）。这是因为伤口干裂之后，其下木质部干缩，阻碍了营养向上运输而使营养转向伤口下的枝条。

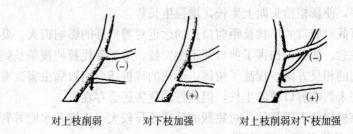

对上枝削弱　　　对下枝加强　　　对上枝削弱对下枝加强

图4-6　疏枝对上下枝的影响

一般疏除的对象主要是病虫枝、衰弱枝、干枯枝、无用的徒长枝、过密的交叉枝和重叠枝，以及外围搭接的发育枝和过密的辅养枝等（图4-7）。

生产实践中，许多人不注意对锯口的处理，锯口愈合不良，对树体造成伤害，甚至引起腐烂病等枝干病害。疏枝时首先考虑锯口的形状，合理疏除。不能怎么顺手怎么锯，留下残桩、掰茬，甚至撕裂骨干枝。

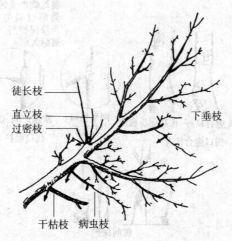

徒长枝

直立枝

过密枝

下垂枝

干枯枝　病虫枝

图 4-7　核桃疏枝

　　在大枝疏除及回缩时制造的大伤口，处理不当会削弱树势，招致病虫害。修剪中制造出的伤口后要保护以利于愈合（图 4-8、4-9）。一般可用油漆涂封，接蜡或封剪油更好，且涂漆前要用刀将锯口毛茬削平。现在还有封剪口涂剂可用。

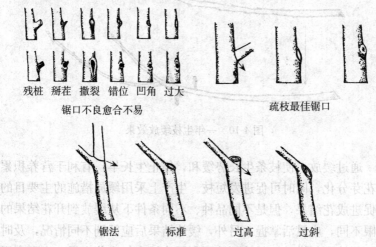

残桩　掰茬　撕裂　错位　凹角　过大　　　　　疏枝最佳锯口

锯口不良愈合不易

锯法　　　标准　　　过高　　　过斜

图 4-8　锯口的几种情况

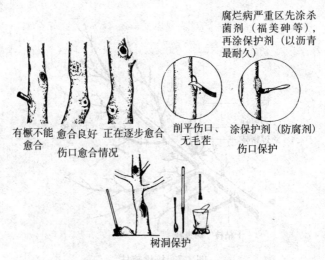

腐烂病严重区先涂杀菌剂（福美砷等），再涂保护剂（以沥青最耐久）

有橛不能愈合　愈合良好　正在逐步愈合　　削平伤口、无毛茬　　涂保护剂（防腐剂）

伤口愈合情况　　　　　　　　　伤口保护

树洞保护

图 4-9　核桃树伤口的愈合和保护

4. 长放（缓放）　长放即对枝条不进行任何剪截，也叫缓放或甩放（图 4-10）。

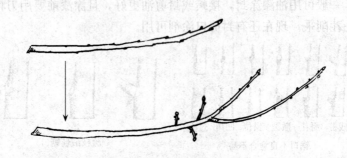

图 4-10　一年生枝缓放效果

通过缓放，使枝条生长势缓和，停止生长早，有利于营养积累和花芽分化，同时可促进发短枝。生产上采用缓放措施的主要目的是促进成花结果，但是不同品种、不同条件下从缓放到开花结果的年限不同，应灵活掌握。另外，缓放结果后应区别不同情况，及时采取回缩更新措施，只放不缩不利于连续多年成花坐果，也不利于通风透光。核桃树主要是用长放来培养结果母枝。

5. 开张角度 通过撑、拉等方法加大枝条角度，是幼树整形期间调节各主枝生长势的常用方法（图 4-11）。用木棍撑开角度时，木棍两端要有凹槽且要光滑，以防伤及树皮，用绳子拉时对枝干不要勒紧，防止树枝增粗而产生缢伤。

6. 除萌和摘心 用手掰去初生嫩芽叫除萌，当年新枝顶端嫩梢用手掐去叫摘心。

冬季修剪特别是疏除大枝后，常会刺激伤口下潜伏芽萌发，形成许多旺长条，应在生长初期及时除去过多萌芽（图 4-12），有利于树体整形和节约养分，促进枝干健壮生长，最好是在幼芽阶段就把嫩芽抹去，省工、伤口小、营养分配合理。幼树整形过程中，也常有无用枝萌发，在它初萌发时用手抹除为好，这样不易再萌发，如长大了用剪疏去，还会再萌发，且消耗营养，影响光照。

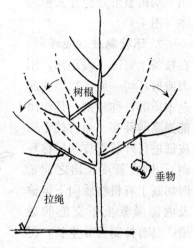

图 4-11 开张角度

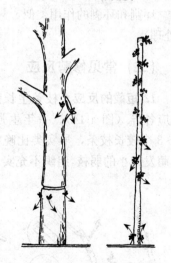

图 4-12 核桃除萌

前期摘除当年生新梢顶端部分，可促使发生副梢、增加分枝，幼树主、侧枝延长枝摘心，促生分枝加速整形进程。内膛直立枝摘心可促生平斜枝，缓和生长势早结果。旺长枝秋季不停长时，适时摘心不再发枝可促枝条充实，常用于幼树整形修剪和安全越冬（图4-13）。

7. 环状剥皮（或环割）在枝条上每隔一段距离，用刀或剪环切一周或数周并深达木质部，称环割，其作用能提高萌芽率。而将枝干韧皮部进行环状剥皮（简称环剥），则在新皮长出之前暂时切断了有机物质向下运输及内源激素上下交流的通道，具有抑制营养生长，促进花芽分化和提高坐果的作用。

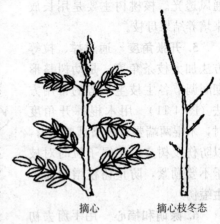

摘心　　　　　摘心枝冬态

图4-13　摘心

环割和环剥的作用类似，只是程度不同，与此相似的还有绞缢（处理）。

（二）常见修剪反应

1. 短截的反应　枝条生长势、枝龄及短截的部位不同，修剪反应各异（图4-14）。一年生强壮的枝条、短截后可在剪口下发1～3个较长枝条，早实类比晚实类发枝多。中庸枝及弱枝短截后仅萌发细小的弱枝，组织不充实，越冬常易抽条而枯死（图4-14）。

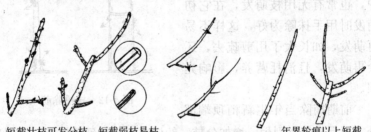

短截壮枝可发分枝，短截弱枝易枯，　中枝和细弱枝短截反应　年界轮痕以上短截，
壮枝髓细小，弱枝髓太空虚　　　　　　　　　　　　　　易出短枝成枝组

图4-14　短截的反应

　　对枝条较稀少的更新复壮树，利用徒长枝进行适当短截可促发分枝，改造成良好的骨干枝和结果（母）枝组。幼树越冬抽梢后也易发出徒长枝，可短截利用培养为新的树冠。

　　2. 回缩的反应　核桃树体高大，无论外围还是内膛都有许多下部光秃的光腿枝。由于这些枝组成的结果（母）枝组挂果少或不挂果，对此从年界轮痕以上进行回缩修剪，效果较好（图 4-15）。在 2 年生以上枝条的年界轮痕上部留 5～10厘米剪截，可促使枝条基部潜伏芽萌发新枝，轮痕以上可发3～5 个新梢，轮痕以下可发1～2 个新梢，形成较紧凑的结果（母）枝组。

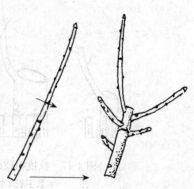

图 4-15　年界轮痕以上回缩修剪效果

　　细长弱枝组一般选发育较充实的分枝作剪口枝，剪去前部细弱枝，集中养分供应后部枝条，使之发育为健壮的结果母枝（图 4-16）。

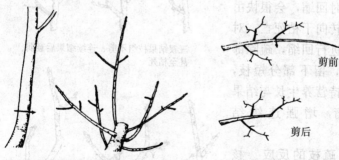

多年生枝年界轮痕以上回缩生枝状　　　　核桃细长弱枝组回缩复壮

剪前

剪后

图 4-16　多年生枝的回缩效果

　　对放任树的多年生大枝进行回缩时，要在剪口下留"辫子枝"。下剪时要注意大枝与辫子枝粗细比例，回缩的粗枝与辫子枝直径之比 3～5：1 时，可在"辫子枝"基部锯掉前部枝。回缩枝过粗时应在"辫子枝"基部留保护橛以免伤口削弱辫子枝生长（图 4-17）。

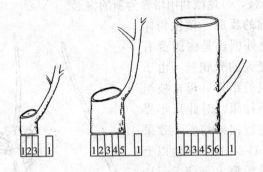

图 4-17　核桃粗枝回缩留保护橛标准

注：1～6 数字表示粗枝与辫子枝直径之比。

　　盛果后期核桃树生长势开始衰退，每年抽生的新梢很短，常形成三杈状小结果（母）枝组（图 4-18）。这种结果（母）枝组不及时回缩，会很快由衰弱而转向干枯死亡。对此及时进行回缩，疏除部分短枝，留下部分短枝，则可保持营养生长与结果的平衡，增强连续结实力。

　　3.疏枝的反应　核桃树每年萌发大量新枝，尤其是树冠外围新枝多，会影响树冠内的光照，还有背后枝下垂枝，严重影

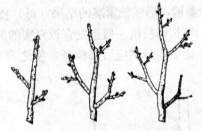

三杈结果枝组不剪，连续结果后衰弱，甚至枯死

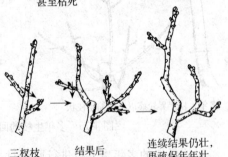

三杈枝　　　结果后　　　连续结果仍壮，再疏保年年壮

图 4-18　三杈结果母枝修剪

响光照，使内膛空虚，生长转弱，必须合理疏除。衰老树的更新复壮修剪，一是对过密过弱的主枝从基部疏除，减少骨干枝数量，促进留下的主枝生长，恢复树势（图4-19）。二是对出现焦梢的多年生枝进行回缩修剪，促其萌发强壮新枝复壮树势。

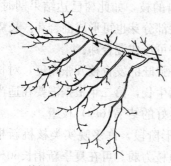 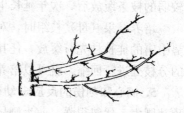

核桃下垂枝太多，疏去一部分　　　并生枝，疏一留一

图 4-19　疏　枝

进入衰老期后，树上常形成大量雄花枝，开花散粉过程中消耗大量水分及养分，于产量无补而消耗营养削弱树势，故可结合修剪进行适量疏除，保留一些质量好的雄花枝，可以节约养分，增加产量（图4-20）。同时，将枯死枝也疏去。衰老树下垂枝较多，可适当疏除，留下的再回缩抬高，以恢复生长势。水平枝条密集并生，

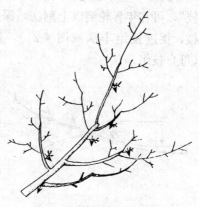

图 4-20　疏雄花枝及干枯枝

可疏一留一，改善光照。空间较大时也可缩一留一，增加结果部位。

疏雄花枝是生产实践中行之有效的增产措施，不可忽视。据调查，增产幅度达 9.8％～47.5％. 疏雄花枝要有一定的量，才能达到增产目的，一般要求疏去 70％～95％，以疏中下部为主，留上

部雄花枝。注意要保留授粉树的雄花枝，只疏主栽品种的雄花枝。

总之，疏枝可使树冠枝量较稀，改善光照，节省营养，促进生长结果。疏枝伤口削弱伤口以上分枝，促进伤口下的枝条生长，

4. 缓放及开角的反应 长势较壮的水平发育枝不剪缓放后，当年可在枝条顶部萌生数条长势中庸的枝，如此树已达结果期时，分枝顶部可形成混合芽，早实品种大部分芽也可形成混合芽。长势较弱的枝条缓放后，次年延长生长并可形成混合芽。

培养结果（母）枝组时，对长势强旺的发育枝开张角度，对长势中庸的徒长枝先行缓放，任其自然生长，第二年根据需要在适当的分枝处进行回缩，就可以培养成良好的结果（母）枝组。

5. 摘心和刻伤的反应 幼树整形阶段，许多晚实类核桃新梢顶芽肥大，优势很强，萌生侧枝及短枝力弱。可在夏季新梢长60～80厘米时摘心，促发2～3个侧枝，这样可加强幼树整形效果，提早成形。

对多年生单轴延伸到枝条，特别是直径为8～10厘米的"光腿枝"，可在年界轮痕以上刻伤，深达木质部，可以促使隐芽萌发新枝，促进枝组丰满（图4-21），而早实核桃更容易培养成结果（母）枝组。

核桃树直径8~15厘米的单轴光腿枝年界轮痕以上刻伤可促进发枝　　　　轮痕以上刻芽促萌效果好

图4-21　刻芽促发枝

6. 环状剥皮（或环割）的反应 一般在主干距地面 20～30 厘米开始环剥，宽度为干径的 1/10，但最宽不超过 1 厘米，剥一周去皮露出木质部来，环割仅用小刀割一周刀口，因不剥皮而作用较小。

大树用环剥，小树及细枝用环割，主干环剥控制全树和根系。由于环剥切断了地上下的有机营养联系，根系吸收的无机养分供给地上部叶片制造的有机养分输送不到根部，使上部养分相对充裕，有利于花芽分化，根系暂时得不到有机养分供应，生长受到抑制，吸收降低，也使供给叶片的无机养分减少，而抑制了枝叶生长。如只剥部分枝条，则被剥枝受控，对根系的影响小。上强树可在中干环剥控制上强（图 4-22）。

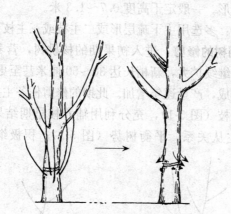

图 4-22　中干环剥控制上强

五、不同类型树的修剪

(一) 不同年龄时期的修剪

1. 核桃幼树的整形修剪　初植核桃树的管理重点是保证成活率。以后要注意早实核桃树及时疏除花果，前3年不要挂果，以利长好树，整好形。一般定干高度0.7～1.3米。

树形选择：多选用主干疏层形或二主枝或三主枝自然开心形。

2. 初果期树的修剪　进入初果期的核桃树，营养生长仍然较旺，树冠还在继续扩大，新梢长达30～50厘米甚至更长且很粗壮，树形已基本形成，产量逐年增加。此期的修剪任务主要是：继续培养好各级骨干枝（图5-1），充分利用辅养枝早期结果；调节各级主、侧枝的主从关系，平衡树势（图5-2）；积极继续培养结果

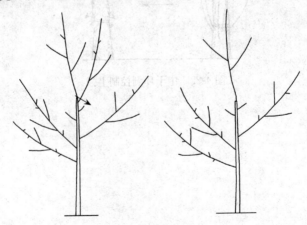

图 5-1　双中干，留一去一

（母）枝组，增加结果部位。

　　培养结果（母）枝组应去强留壮（图 5-3），先放后缩（图 5-4），和放、缩结合培养，间疏各种无用的密集枝、细弱枝、徒长枝，使各类枝条分布均匀，尤其是内膛枝条要疏密适度，生长势中庸健壮，这样才有利于花芽分化和结果。过旺或过弱树都结果不良。

　　辅养枝影响主、侧枝生长的可以逐步回缩削弱长势，给主、侧枝让出空间（图 5-5，图 5-6）。

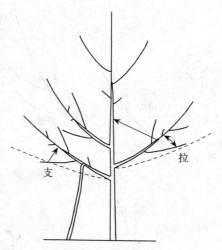

图 5-2　角度调整

修剪程度上，应根据树势的强弱和栽培条件来确定：树势强旺、枝条生长量大，修剪宜轻；反之宜重。在修剪技术上，是疏去辅养枝上的大分枝和强旺枝，使其单轴延伸。这样可减少辅养枝对主侧枝的影响，一是改善了光照，二是节省了养分。而对于结果（母）枝组却要修剪成紧凑的多轴枝组。

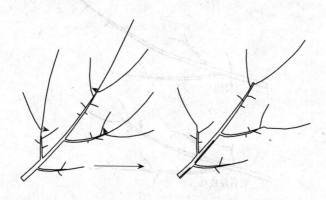

图 5-3　核桃强旺枝组去旺留壮

图 5-4　先放后缩，培养枝组

图 5-5　辅养枝的修剪——疏大侧枝

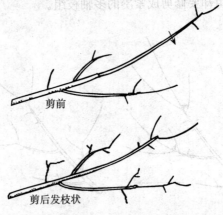

图 5-6　核桃枝组 2 年生枝处回缩促分枝

辅养枝是此期修剪的主要对象，应因树而异区别对待，树体有空间的可长期保留令尽量多结果；空间小的可及时回缩（图5-7）。所有辅养枝都必须控制，使之弱于邻近的主侧枝。长势强旺影响了树体通风透光的，须及时回缩控制乃至疏除。对背后枝应采用疏除、控制、结果等手段防止变成"倒拉枝"，也可利用背后枝开张角度。

对初果期树冠中的徒长枝一般应予以疏除。初果期核桃

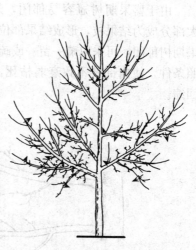

图 5-7　枝条回缩

树修剪，是多种技术的综合运用。根据树体结构及各类枝所处地位，进行不同的修剪处理，不能单纯只用一种技术手段。

3. 盛果期树的修剪　核桃树进入盛果期后，营养生长速度变缓，树冠逐渐开张，外围枝条开始下垂(图5-8)。尤其是放任树，枝组连年向外延伸而不加回缩，由于重力的作用而下垂，树势较弱。

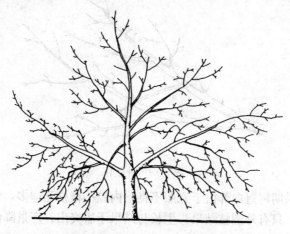

图 5-8　核桃大树侧枝易下垂

　　由于盛果期树冠容易郁闭，外围枝量大（图5-9，图5-10），大部分成为结果枝，形成结果部位外移。重叠枝和并生枝等造成盛果期树郁闭，可采取疏一留一或疏一缩一的办法打开光路，改善光照条件，使内部枝不致衰弱枯死，过长的结果（母）枝组应及早回缩。

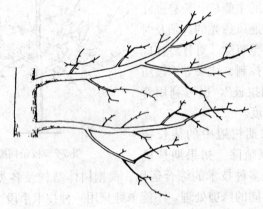

图 5-9　重叠枝

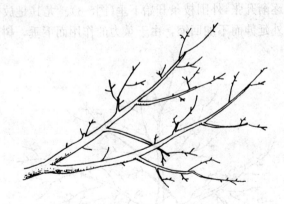

图 5-10　并生枝

　　盛果期树冠内部由于光照不良，内膛小枝枯死增多，骨干枝基部光秃，只有外围枝结果，生长与结果矛盾突出，产量降低且容易出现隔年结果现象。

此期修剪的主要任务就是调节营养生长和生殖生长的关系，改善树体通风透光条件，维持结果（母）枝组的健壮生长，延长盛果期。

（1）骨干枝和外围枝的修剪　骨干枝由于多年延伸，结果部位外移，先端下垂，后部易出现徒长枝。在盛果初期，各主枝还继续扩大，应继续培养牢固的骨架。对延长头的背后枝及时控制，保持枝头的长势。当主枝不需延伸时，可反复换头，控制向外扩张，使枝干增粗变硬，不致下垂衰弱。生长旺盛的树，延长枝往往上翘，主枝头直立，应利用背后枝换头开张角度（图 5-11）。

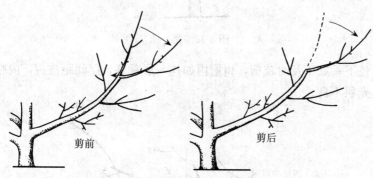

剪前　　　　　　　　　剪后

图 5-11　背后枝开张角度

核桃树背后枝易强旺，是其枝条生长的重要特性。表现好的是有利于枝组形成和主枝开张角度；但过强的背后枝又削弱原头的生长，而背后枝本身过长而下垂又代替不了原头，所以背后枝要控制好，该留则留，该去则去。

当树冠达到上层主枝生长结果稳定时即可控制树高，利用三杈枝逐年落头去顶（图 5-12），把中间的枝疏去，大伤口在剩下的二枝间愈合快，用最上的主枝代替原头。目的是降低树高，改善通风透光条件。一般用2～3年完成落头去顶工作。

树冠外围的枝条，由于每年分生小枝而过于密集，可及时疏除和回缩（图 5-13，图 5-14），外围枝密集、内膛必定光照不良。背

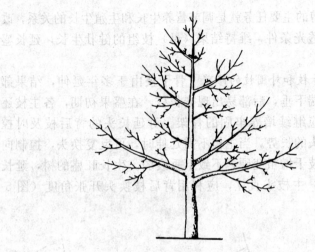

图 5-12 落头

后枝下垂如不及时疏剪，树冠内如挂一层垂幕，层间距被占，内膛
也光照不良。

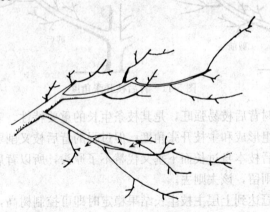

图 5-13 回缩大背后枝

（2）结果（母）枝组培养和修剪 结果（母）枝组培养要从初
果期着手进行，合理布局，连续培养，进入结果盛期要继续培养，
并做好结果（母）枝组的更新复壮工作。结果（母）枝组配置应大

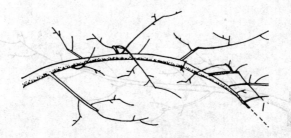

图 5-14　核桃母枝下弯，背上旺枝及时回缩抬角
延长枝头转旺，就能抑制背上旺长

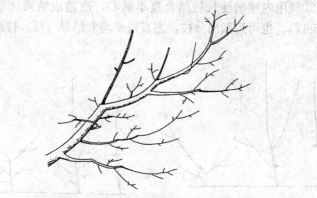

图 5-15　两侧及背后枝大，背上枝小

中小结合，均匀分布于各级主、侧枝上，在树冠内部总体分布是里大外小，下多上少，外部不密，内部不空，通透性良好，枝组间距保持 0.6～1 米，由骨干枝两侧向外平斜生长为主（图 5-15）。本图是一自然放任生长的主枝，自然就形成了两侧大、背上小的合理布局。如能及时人工调整将会生长的更好，背上两个枯枝是原头自然枯死。

结果（母）枝组培养的方法：

①着生于骨干枝上的大中型辅养枝经回缩改造成大中型枝组（图 5-16）。

②利用强壮的发育枝，采用先放后缩法强调留壮，去直留平，

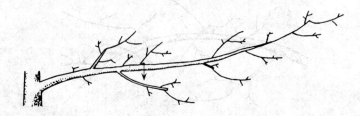

图 5-16　核桃辅养枝回缩成结果枝组

培养成中小结果（母）枝组。

　　③利用内膛的徒长枝结合夏季摘心，改造成结果（母）枝组（图 5-17）。也可短截出分枝，去直留平培养结果（母）枝组。

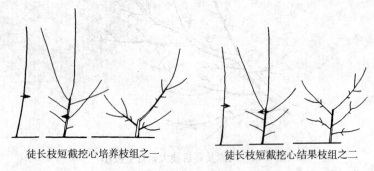

徒长枝短截挖心培养枝组之一　　　　徒长枝短截挖心结果枝组之二

图 5-17　徒长枝短截挖心培养枝组

　　结果（母）枝组修剪时，对过强枝组，疏去过旺枝，对已连续多年结果的衰弱枝组要及时回缩更新（图 5-18，图 5-19），促发新梢；对枝组过短缩者，因占领不了应有空间，应对其延长头短截促发旺枝，向前延伸；两侧分枝适量回缩，对延长枝生长有促进作用（图 5-20）。

　　对过旺过密的枝组可回缩、可疏，改善通透性，并使强旺枝组弯曲延伸（图 5-21），可抑制枝组旺长。

　　核桃树的中长结果母枝连续结果力强，对这类枝不能短截；对枝组中长势弱的短果枝及雄花枝应及时疏除，去弱留壮（图 5-

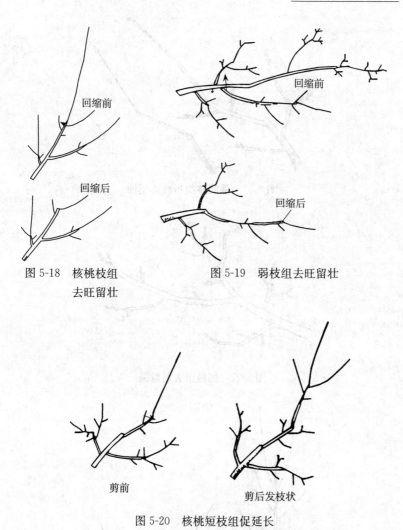

图 5-18　核桃枝组去旺留壮

图 5-19　弱枝组去旺留壮

图 5-20　核桃短枝组促延长

22)，促进结果（母）枝组的健壮生长，延长结果年限。

　　（3）徒长枝的利用　核桃树进入盛果期后，内膛易萌生许多徒长枝，如有空间，短截促生分枝后及时回缩可改善成结果（母）枝组（图5-23），充实内膛，补充空间，增加结果部位（图5-24）。早实核桃的徒长枝容易形成混合芽，第二年即可结果。

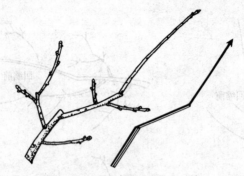

图 5-21　强旺枝组折线式延伸

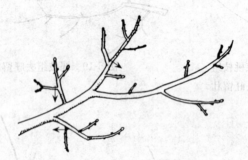

图 5-22　弱枝组去弱留强

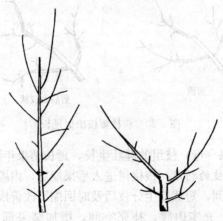

图 5-23　直立强旺徒长枝改造成结果枝组

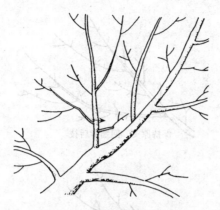

图 5-24　核桃树回缩内膛枝

对过于衰弱的大枝可利用徒长枝培养成接班枝，使老树更新。

徒长枝培养结果（母）枝组，应选择长势中庸，长度为 60～80 厘米枝的为好，经一年缓放，次年在适宜的分枝处回缩，或经短截促枝后，次年在适宜的分枝处回缩。培养接班枝，可选长势强旺，长度在 1 米以上的徒长枝短截 1/4，促生分枝养成骨干枝。内膛多年生直立枝如过于高大会影响内膛光照，应及时回缩，去直留平，斜向生长。

（4）背后枝处理　凡是着生在第一层主枝上的背后枝，易出现倒拉现象，可在早期从基部疏除。在树冠中上部的主、侧枝上长出的背后枝，可根据主、侧枝的着生角度及大小而决定去留；主、侧枝开张角度大时应疏除，角度小的可代替原头，扩大骨干枝开张角度（图 5-25）。对长势缓和且已形成花芽的，可在结果后进行适当回缩，使背后枝的枝量明显少于延长枝，去旺留壮而不发旺枝，生长不超过原枝头为好，改造成结果（母）枝组稳定结果部位（图 5-26）。

4. 衰老期树的修剪　核桃树衰老期开始的早晚，常因土壤、管理水平及结实类型而异。实生树和晚实品种一般 70～80 年进入衰老期，但有的百年以上的大树仍正常结果。进入衰老期的核桃树

保持原头，回缩背后枝

缩原头为枝组，背后枝当头

图 5-25　背后枝处理扩大骨干枝开张角度

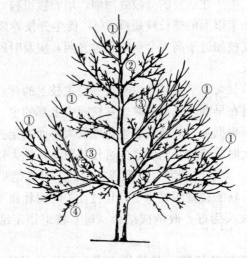

图 5-26　盛果期核桃树修剪

①疏外围密枝　②落头　③枝组回缩
④控制背后枝　⑤疏密枝

抽生的新梢很短，枝组下垂老化，多数不能形成花芽或坐果力低，产量锐减（图 5-27）。此时，小枝干枯，即所谓的焦梢现象严重，树冠自然缩小，内膛常萌生大量徒长枝，出现了自然更新现象（图 5-28，图 5-29）。早实品种易早进入衰老期，但各地也有百年老树还能结果。早实品种树如放任生长，土壤及肥水条件较差时10 年左右即可枯死。

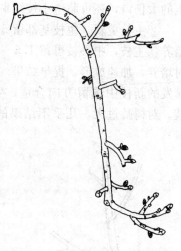

图 5-27　核桃多年生下垂的枝组

对衰老期树的修剪方法主要是进行更新修剪，即通过修剪更新复壮，恢复树势。常见的更新方法有：

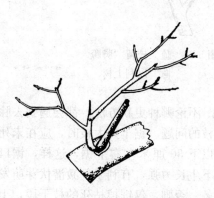

图 5-28　自然更新　　　　　　　图 5-29　自然更新

　①大枝更新。将主枝缩去 1/3～1/2，侧枝等分枝仅留 20 厘米长，发出分枝培养主枝头和侧生枝。疏过密枝时在适当部位留一些长约 20 厘米的"脚蹬橛"以利上树（图 5-30），同时可减少骨干枝

上的大伤口，还可萌生小枝结果，一举多得。

②主枝更新。主枝基部留50～100厘米，锯去主枝重新发枝，培养新主枝，中心枝可留1.5～2米，第一层主枝和第二层主枝同时培养，加速成形，提早结果。即将树体的主枝重回缩，在锯口下萌发的新枝中选留方向合适，生长健壮的2～4个枝条培养成主枝。对树龄过大，几乎不结果的衰老树采用此法效果很好（图5-31）。

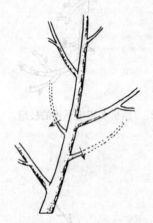

图5-30 疏大枝留"脚蹬橛"以利上树

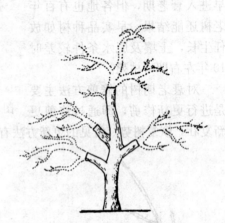

图5-31 主枝更新

不论哪种更新方法，都会遇到去除大枝的问题。锯干死大枝时，应在未死枝以下30厘米左右下锯，这样，锯口以下生长力强，有利于刺激潜伏芽萌发旺条。否则，仅锯掉枯死的枝干段，干枯部位有可能继续往下延伸，更不利于萌条。锯口及时削平，用油漆等涂抹保护好。

③枝组更新（图5-32）。将各级侧枝在适当的部位进行回缩，便形成新的

图5-32 枝组更新

二级侧枝。在此基础上，重点对结果枝组进行复壮，这样，新树冠形成丰满，产量增加均较快。

更新后长出的旺枝大多是直立的徒长枝，必须及时开张角度，长大后枝硬不易开张。主侧枝上的枝组，要选从回缩槲锯口的上方长出的枝，这种枝开张时不易劈裂，锯口下方的枝很易劈裂。

核桃树树体高大，去除大枝时有诸多不便，须讲究一定的方式方法（图 5-33）。

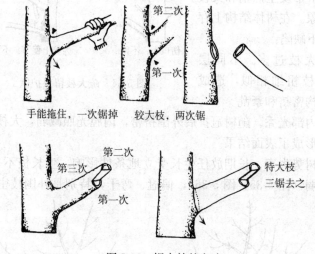

手能拖住，一次锯掉　　较大枝，两次锯

第二次
第一次
第三次
第二次
第一次
特大枝
三锯去之

图 5-33　锯大枝的方法

①锯较细的枝条时，可用左手托住被锯枝，右手拿锯自上而下锯，锯口上部应紧贴母枝，下口可稍高于母枝。

②锯中等粗度的大枝时，先用锯在枝下方锯入 1/3，而后再从上往下锯断，注意上下锯口一定要对齐，保证伤口平滑，利于愈合。

③锯粗大的多年生枝时，应分作两步，即先在距大枝基部 30 厘米处锯断干枝，后再锯掉残桩，这样既安全，锯口又平整。一次疏枝过多时应根据具体情况留保护槲，当以后的锯口愈合后再把保

护橛锯去（图 5-34）。

（二）放任树的修剪

1. 放任树的结构特点

我国的核桃生产区有许多放任生长的大树。这些树大多表现为树形紊乱，通风透光不良，结果部位外移，内膛空虚，常常发生焦梢和大枝枯死现象。在树体结构上存在有以下缺陷：

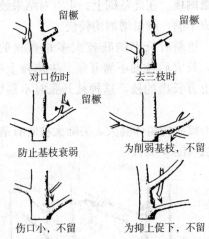

对口伤时　　　　去三枝时

留橛

防止基枝衰弱　　　为削弱基枝，不留

伤口小，不留　　　为抑上促下，不留

图 5-34　疏大枝留保护橛

①大枝过多。不同层次的大枝粗细相似，造成树体结构密挤和紊乱。

②内部光秃。随树冠扩展外围挤密，内膛光照减弱，大枝下部光秃，形成了表面结果。

③树势失衡。长期放任生长受立地条件影响，生长极不平衡，上强下弱（图 5-35，图 5-36），偏冠、弯干，特别是外围枝密而细

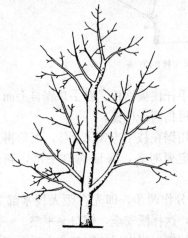

图 5-35　生长不平衡的核桃大树

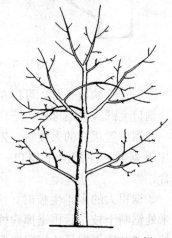

图 5-36　上强下弱的大树

弱，内膛光秃，致使全树营养差、长势弱、结果少。

④果枝偏少。树体花芽分化需要一定的营养水平，光照弱、营养差时花芽分化程度低，果枝较少，因而放任生长的树产量低而不稳。

2. 修剪方法

（1）随树作形，因树修剪，灵活掌握 放任生长的核桃树由于管理粗放，普遍存在大枝密挤，树形紊乱等问题，在修剪时对树形的调整只能因树修剪，随树作形，这样有利于恢复树势，稳定结果部位。中心干明显的可改造培养成疏散分层形，否则培养成自然开心形，避免过分强求树形，大砍大锯，影响产量。

对主干偏斜的小树必须扶正（图5-37），主干歪斜不仅树形不美观，重要的是主干倾斜后向上一侧的主枝生长旺盛，背后的往往生长减弱，造成基部主枝生长不平衡，必须趁幼树期树主干较软时及时扶正。

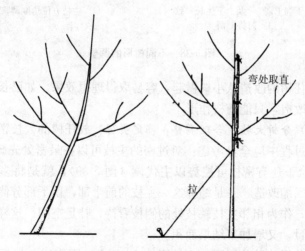

图 5-37 倾斜树扶正

各主枝长势不均衡的树要及时调整（图5-38）。

直立强旺枝开大角度，或适当回缩控势，维持各主枝间协调关

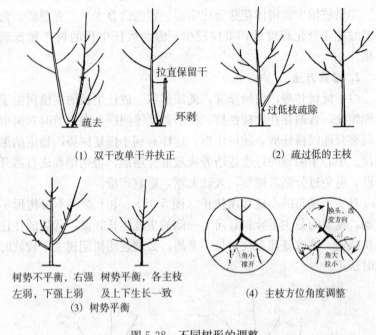

(1) 双干改单干并扶正　　　　(2) 疏过低的主枝

树势不平衡，右强　树势平衡，各主枝
左弱，下强上弱　　及上下生长一致
　　(3) 树势平衡

(4) 主枝方位角度调整

图 5-38　不同树形的调整

系。放任树的改造从小树做起，容易取得理想效果。如已长成大树就难以改造，只能随树作形了。

（2）分析大枝，合理调整，确定去留　放任树的大枝密挤。整形修剪过程中应全盘考虑：对过密的主枝可以在最密处先疏去 1～2 个，余下还有密枝可控势以主代侧（图 5-39），就是将多余的主枝加以回缩改造，一是缩掉这一主枝的前半部，留下部分侧生枝或背后枝，作为相邻主枝缺枝处的侧枝看待，补足空间。这样既减轻了修剪量，又增加了结果面积。

若选择疏散分层形，主枝可选 6～7 个，围绕这一目标逐年培养；若中心干不明显，可培养成开心形，选留 3～4 个主枝。将挤密的中心枝去掉，使圆头形树冠变成开心形，余下的主枝还挤密时，也可去掉 1～2 个枝或回缩改造，可分 2～3 年完成。

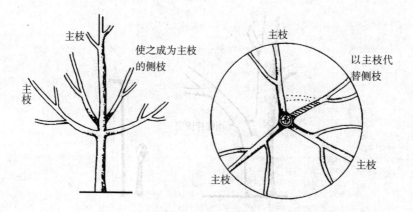

图 5-39 以主代侧

　　树上长树的应及时回缩或疏除（图 5-40）。有空间时也可拉平改造成侧枝或枝组。为照顾产量和树势，欲疏除的大枝应逐年处理，一般可在 2～3 个年内疏完。这样既减少产量损失，又不造成地上地下部生长失调，保证了树势健壮稳定。由于主枝基角小，夹角内产生死皮层，树越粗，越不牢固。对此类易劈裂的树，可采用人工加固措施（图 5-41），就是用钻头打孔，用长螺栓加固措施。

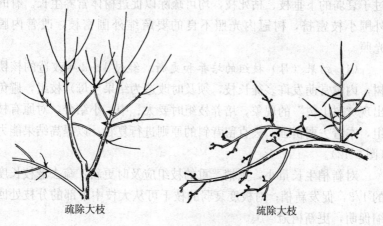

疏除大枝　　　　　　　　　　　　疏除大枝

图 5-40 疏除大枝

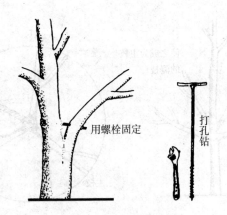

用螺栓固定

打孔钻

图 5-41　劈裂大枝处理

要注意两头加较大的垫片，增强其牢固性，这是较科学的一种方法。如用粗铁丝缠绕加固，几年后树再增粗，会因受铁丝绞缢而树体衰弱，甚至枯死。

（3）外围枝的处理　对外围焦梢的枝条可进行适度回缩，促进内膛萌生新枝，恢复树势，应回缩至大枝上有健壮分枝处，分枝伸展方向应倾斜向上，保持健壮，还要向外伸展，以利树冠扩大。对过于衰弱的下垂枝、枯死枝，均可疏除以促进树体营养生长。有的外围小枝密挤，树冠内光照不良的要疏缩外围密枝，改善内膛光照。

（4）结果（母）枝组的培养和更新　经过 1～2 年改造的核桃树，内膛常萌发许多徒长枝，须及时改造为结果（母）枝组，避免出现"树上树"的现象。培养枝组时要大、中、小结合，对原有枝组，本着去弱留强，去直留背斜的原则进行复壮，以提高结果能力（图 5-42）。

对新梢生长量小，焦梢严重的枝组应及时更新：疏去老枝长度的 1/3，促发新梢；对极度衰弱的枝干可从大枝中下部的分枝处回缩促萌，更新树冠。

综上所述，放任树的改造修剪（图 5-43），大致上可分为 3 年

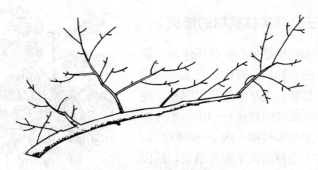

图 5-42　核桃枝组更新状

完成：第一年，以疏除过多的大枝为主，主要解决树冠郁闭问题，修剪程度较大，一般盛果期大树的修剪量应为树体总枝量的25%～30%，过轻及过重均不利于生长和结果。第二年，以调整外围枝和处理中型枝为主，这一年的修剪量应占树体总枝量的15%～20%。第三年，以结果（母）枝组的复壮和培养内膛结果（母）枝组为主，修剪量应为树体总枝量的 10%～15%。对下垂枝组 3 年龄的可回缩一年，5 年龄的回缩两年。

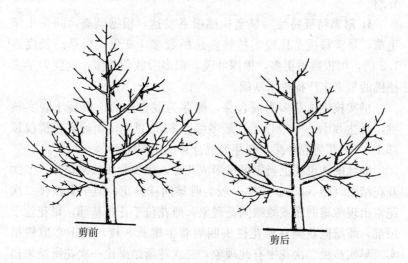

剪前　　　　　　　　　　剪后

图 5-43　放任树的改造修剪

（三）早实核桃树的修剪

早实核桃是生长在我国陕西、新疆等地的一种珍贵资源，当地叫隔年核桃。其特点是早果性状很明显，晚实类实生繁殖的核桃8～10年才开花结果，而早实核桃一般2～4年结果，甚至实生播种的次年即可结果，所以叫隔年核桃（图5-44）。据研究，早实核桃自由授粉后代，播种后第二年开花株占22.2%～52.4%，该性状具较强的遗传性。其嫁接苗一般第二年有果，有的嫁接当年在苗圃中即可结果。早实核桃由于早果性状明显，

图5-44 早实核桃2年生结实状

符合现代集约化栽培的要求，近年来发展较快。早实核桃除了早实性之外，在生长习性诸方面也有别于普通的晚实核桃，故专门予以介绍。

1. 形态特征特性 早实核桃根系发达，根据调查，同是1年生苗，早实核桃苗比晚实核桃苗总根数多1.9倍，根系总长度多1.8倍，细根数量更多，根深叶茂，根多吸收营养多，这就为早实核桃的早果丰产提供了基础。

早实核桃顶芽多为混合芽，侧芽为混合芽的比例高于晚实核桃，可达80%～90%以上，最多可达20个以上。而晚实核桃仅顶部1～3个芽为混合芽，侧芽为混合芽的比例仅10%～20%。

健壮的结果枝上当年可再形成花芽，很快萌发长出花序，二次开花结果（图5-45）。核桃一般为雌雄同株异花，但早实核桃二次花常出现雌雄同序或雌雄同花现象，雌花位于花序基部，雄花位于顶部，雌雄同花则在雌花柱头四周着生雄蕊8枚，可正常散粉结实。早实核桃二次花中有此现象，二次花所结果比一次花所结果稍小，常呈串状，发育正常。

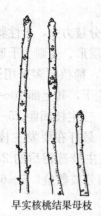

早实核桃结果母枝　　　　早实核桃一次果与二次果

图 5-45　早实核桃的结果母枝和果实

一般情况下，早实核桃比晚实核
桃的结果枝多而短，特别是早熟丰产
品种更明显。结果枝春季花后抽生二
次枝的比例也很高（图 5-46），长度大
多在 20～50 厘米。早实核桃的萌芽成
枝力也高于晚实核桃。从第二年开始，
可以大量分枝，发枝率在 30％～40％，
而晚实核桃只有 20％。从树体的生长
发育来讲，早实核桃幼树期明显发生
长枝较少，短枝多，进入结实期后分
枝力比晚实核桃高 1/3，同时可产生大
量的二次枝。正是由于早结果特性，
造成早实核桃的盛果期较晚实核桃短，
树冠体积较小，适应性特别是抗病力
弱于晚实核桃。

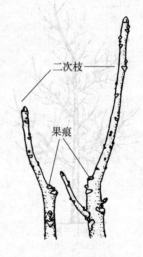

二次枝

果痕

图 5-46　早实核桃结果枝
抽生二次枝状

2. 整形修剪特点

（1）定干　早实核桃通常干较低，约 0.7～1.3 米，立地条件
好的可稍高，密植园还可低。当苗高 1.3 米以上时进行剪截，并抹

去整形带以下萌发的侧芽和已有的分枝。

（2）整形　由于早实核桃结果早，分枝力强，干性弱，根据不同立地条件和栽植密度，多选用主干分层形、变则主干形或开心形树形（图 5-47）。密植园多采用前两者，稀植园多采用开心形。3年生时在定干高度下部 0.5～1 米留作主干，其上部 20～30 厘米留作整形带，培养中心枝及基部三主枝，三主枝间距 15～20 厘米。由于分枝较少，要想使主枝分布合理，最好在要发主枝的芽前刻芽，深达木质部，宽为周径的 1/3。在主枝选留后的 2～3 年内，按不同方位选留和培养各级侧枝，增加分枝数量，5～6 年后树冠基本成形。

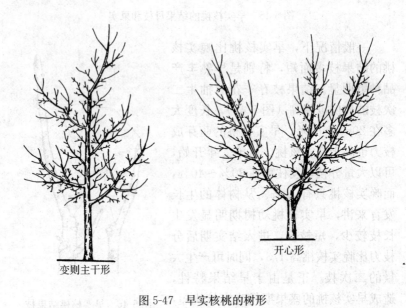

变则主干形　　　开心形

图 5-47　早实核桃的树形

①主干分层形的主要技术参数。主干高 0.5～1 米，主枝数5～7 个，层间距一、二层主枝间 1.5 米左右，二、三层主枝间1 米。

②变则主干形的主要技术参数。主干高 0.6～1 米，主枝数4～

5 个；主枝间距 50 左右，由下往上间距递减。

③开心形的主要技术参数。主干高 0.6～0.8 米，主枝数 3 个左右，主枝间距 15 厘米左右，主枝间平面夹角 120°，主枝与主干延长线夹角 45°～50°。

（3）修剪　早实核桃分枝力强，有抽生二次枝和徒长枝的特点，修剪时要从以下几个方面入手。

①短截发育枝（图 5-48）。早实核桃易成花，挂果早，一般树常因结实多而影响枝条生长。因此对早实品种必须每年短截一定数量的发育枝减少来年结果母枝的数量促进抽生新梢，增加营养生长量，增强树势。对立地条件较差的树在花期应及时疏除多余的雌花或幼果，尤其是主侧枝的延长枝上要合理负载，在保证一定结果量的同时要保证枝条正常生长，及时施肥灌水，调节营养生长和生殖生长的矛盾。

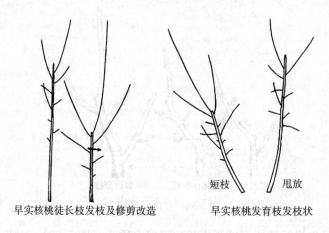

早实核桃徒长枝发枝及修剪改造　　　早实核桃发育枝发枝状

短枝　　甩放

图 5-48　短截发育枝

控制二次枝（图 5-49）：二次枝发枝晚、组织不充实、越冬时成熟度差，易发生抽条，生长过旺时还会破坏树形，处理方法是：在树冠中发枝条较多时可及时疏除二次枝，越早越好。对一果枝上抽生两个二次枝的，可去弱留壮，疏一留一。对选留的二次枝应在

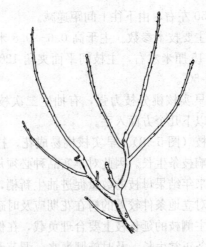

图 5-49　早实核桃二次枝

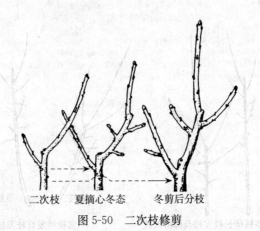

二次枝　　夏摘心冬态　　冬剪后分枝

图 5-50　二次枝修剪

6～7 月份进行摘心，减缓生长，促使木质化（图 5-50）。对长势强旺的二次枝可在春夏进行短截，促其分枝培养成结果（母）枝组。春季短截的枝条粗壮，夏季短截的分枝多。

②利用徒长枝。早实核桃由于结果早，骨干枝常易早衰，导致枝条基部的潜伏芽萌发形成徒长枝。这种徒长枝较为特别，就是第二年就可抽生结果枝，抽生果枝的数量可多达 20 个。这种枝应称

为徒长性结果母枝，由于养分大部分被消耗，顶部果枝与基部比较，基部果枝长势逐渐减弱，枝条变短。结果后中下部小果枝多干枯，形成光秃带。为克服内膛空虚，结果部位外移，常要对徒长枝进行短截，短截强度因枝势及长度而定：多在 1/2～1/3 处下剪，发枝后留 2～3 个分枝，培养成健壮结果（母）枝组。一般枝组回缩后结实力增强（图 5-51）。

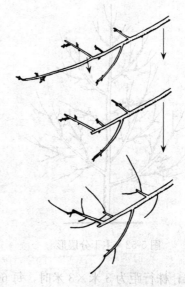

图 5-51 早实核桃回缩反应

③疏除过密枝和处理背后枝。对内膛枝条挤密的树应按照去弱留强的原则，及时疏除细弱枝，注意剪口平整，利于伤口愈合。对于背下强旺的"倒拉枝"，可依据具体情况区别对待，凡是下层主、侧枝上的倒拉枝应及时疏除。若原头过弱，则可利用背下枝换头，将原头压缩培养成一结果（母）枝组。而上层主侧枝上的背下枝，角度过大的可疏除，角度适中的可代替原头；对长势过分强旺的可在夏季进行摘心或冬剪回缩控势。

3. 密植技术 优良早实核桃新品种的不断培育为核桃早期丰产技术开发及集约化栽培管理提供了良好基础。例如，辽核 1 号品种的密植园，6 年生树每 667 米² 产量达到了 211.3 千克，8 年生树每 667 米² 产量达到了 277.2 千克，随着核桃生产逐步走向基地化和商品化，集约化的密植栽培势在必行。

（1）树形选择 集约化密植栽培时，选用的品种为优良的早实品种，树形不能用开心形而以主干分层形或变则主干形为宜（图 5-52，图 5-53），这样可充分利用空间，持续结果丰产。

（2）密度确定 当株行距为 4 米×6 米时，每 667 米² 栽 28

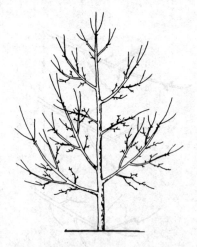

图 5-52　主干分层形

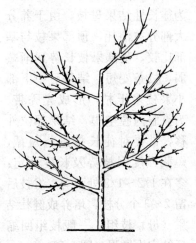

图 5-53　变则主干形

株；株行距为 3 米×3 米时，每 667 米² 栽 75 株；当密度为 2 米×
3 米时，每 667 米² 栽 112 株。在初植的前 5 年内，密度越高，单
位面积产量越高。为获早期丰产并维持长期稳产，生产上适合采用
计划密植方式：即开始采用中密度（每 667 米² 栽约 50 株），可维
持 8～10 年，每 667 米² 产量在 150～250 千克以上，以后根据郁闭
程度及时进行间伐。

（3）间伐方式　确定 2 米×3 米的高度密度栽植后，在幼树整
形修剪中区分临时株和永久株，采取不同管理方式，临时株注重早
期结果，永久株则注重培养树形，在行间将要郁闭时可把临时株分
期分批间伐或移出，腾出空间让永久株正常生长结果，移出的大树
还可另建新园（图 5-54，图 5-55）。

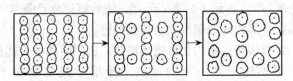

图 5-54　分批间伐

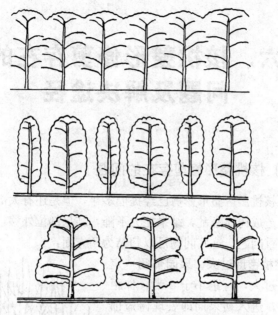

图 5-55 渐次压缩临时性植株直到间伐

六、核桃整形修剪存在的问题及解决途径

（一）核桃整形修剪存在的问题

我国核桃产区整形修剪已经提倡多年，但是还有大部分群众不懂修剪，造成树体紊乱，结果能力下降，结果部位外移，主枝基部光秃等严重问题。这些问题可以归结为两方面：

1. 定植密度过大，果园郁闭　定植时密度过大，行距小于 4 米，株距小于 3 米，进入初果期即表现树冠郁闭，行间和株间树冠交接。主要表现为大枝多而角度直立，未定干或定干过高(图 6-1)。

解决方法：按整形要求，确定永久型主枝和临时性辅养枝，其余的全部疏除，疏除要逐年进行，不可一次性疏除过多大枝；对主枝要通过逐年利用背后枝开张角度，或人工变向，对临时性辅养枝要逐年利用，不断回缩，直至疏除。

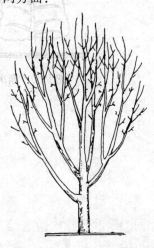

图 6-1　大枝多而角度直立

2. 树形选择不当，树冠郁闭　核桃树一般而言树体较大，生产上应当采用中冠及大冠树形，在中低密度下也应采用中小冠形。但目前生产上许多核桃园应用了稀植大冠形，树冠直径大，接近或超过株行距。这样，造成的直接后果就是骨干枝数量多，树冠枝展过长，枝条生长量大，叶幕过厚。主要表现为：

（1）树势不平衡，主从不明（图 6-2，图 6-3）　上强下弱或下强上弱，同层主、侧关系倒置，或者主、侧不分，树冠偏斜，一边倒。上强时，可疏除中央领导干上部枝量，去强留弱，以弱枝弱芽带头，削弱极性，开张上层主枝角度，下部主枝多截多留，以壮枝壮芽带头。上弱时可采用反向方法解决。

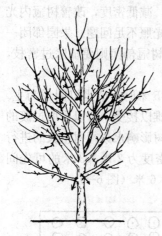

图 6-2　大枝多，主从不明

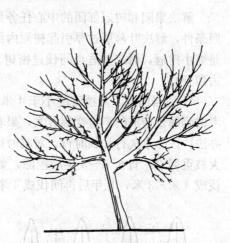

图 6-3　干斜，树冠不平衡

（2）掐脖现象　常因基部主枝太多、太强、直立抱合生长，致使中央领导干变细，生长衰弱。出现掐脖后，要及时疏除多余主枝，增加主枝间的间距，开张剩余主枝角度，增强中央领导干力量。

（3）主枝基部光秃，结果部位外移　造成原因是修剪过轻，因此要改变手法，增加回缩量，刺激隐芽萌发，利用隐芽萌发的枝条进行重新培养，

图 6-4　小老树

达到坚实的骨架，充实枝组的目的。

（4）小老树 造成原因是多方面的，水、肥管理差或放任不管是一方面，而病虫为害是另一方面（图6-4）。

（二）解决树冠郁闭问题的途径和方法

解决果园和树冠郁闭的中心任务是，减低密度，改善树冠内光照条件，解决叶幕层过厚引起树冠内部光照不足问题。果园郁闭一是缩小树冠，而二是适当间伐过密树。树冠郁闭则要疏除过密枝，去顶开心。

1. 适当间伐 栽植密度小于4米×5米时，应当以间伐为主。考虑到间伐造成的产量变幅过大，果农难以接受，可以采取过渡的办法：区分永久行和临时行，对临时行树影响永久行树生长的进行大枝重回缩，直至2～3年后挖除，如密度为2米×3米的可先间伐成4米×3米，几年后再间伐成4米×6米（图6-5）。

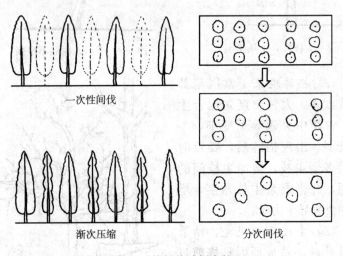

一次性间伐

渐次压缩

分次间伐

图 6-5 核桃的计划密植

2. 树形改造

（1）调整树形 根据树体的生长情况、树龄大小和大枝分布情况，确定适宜改造的树形。疏除过多的大枝以利于集中养分，改善通风透光条件。对内膛萌发的大量徒长枝可合理加以利用，经2～3年培养好结果枝组。对于树势较旺的壮龄树，应分年疏除大枝；在去除大枝的同时，对外围枝要适当疏间，以疏外养内，疏前促后，形成通透的树形（图6-6）。树形改造1～2年完成，修剪量占整个改造修剪量的40%～50%。

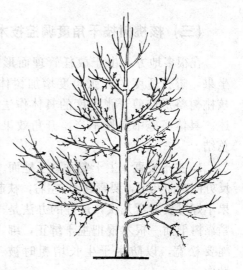

图6-6　稳势开心

（2）稳势修剪　树体结构调整后，还应调整母枝与营养枝的比例，使之约为3：1。对过多的结果母枝，可根据空间和生长势，去弱留强，充分利用空间在枝组内调整母枝留量的同时，还应有1/3交替结果枝组量，以稳定树体生长与结果的平衡（图6-7）。此期，年修剪量应掌握在20%～30%。修剪量应根据立地条件、树龄、树势和枝量多少灵活掌握，各大、中、小枝的处理，要通盘考虑，做到因树修剪，随枝作形。

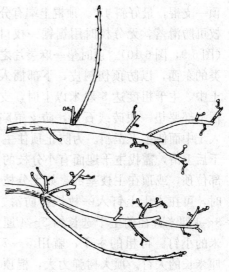

图6-7　结果枝组更新

（三）核桃树枝干角度调控技术

在很多地方，由于放任管理而形成树冠郁闭，不利于开花坐果，进行适度的开张角度增加树体通透性即可解决此问题。核桃树整形修剪开张角度的具体作法及技巧，一般资料都不详述。具体实施中操作不当，开角效果不理想，很有必要作一些总结。

1. 主干校直 主干要垂直于地面。幼树可把主干向歪倒的相反方向弯曲几下，要弯到45°左右，扶起来就正了（图6-8）。如效果不好可反复弯几次，最好的办法是紧靠树干插一根木棍把主干绑正，绑绳要松宽，以防主干生长增粗时被勒伤。

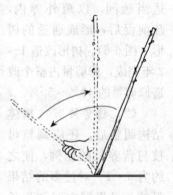

主干稍粗的，硬度大，必须倾斜顶一支棍，最好斜45°。顶棍上端有分杈可防滑落，无分杈时用锯锯一杈口（图6-9，图6-10）。顶时垫一麻袋片之类的东西，以防顶伤树皮，下部插入土中。主干粗度达5厘米以上时，支棍下部要垫一块砖或石片，防支棍陷入土中而使主干歪斜。为防止顶住主干后上滑，需找主干迎面有小分枝的部位顶，或顶在主枝基部。如无分枝时，可在主干上钉入一枚铁钉防滑。3～4厘米直径的主干选长约3～4厘米的小钉。再粗的主干，就用5～7厘米长的大钉。顶大树弹力大，棍顶上一定要垫破麻袋片、胶皮、旧鞋之类的东西。

图 6-8　细小树弯曲校直

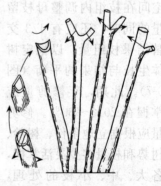

图 6-9　支棍的加工

2. 中心干的校直 核桃中心枝往

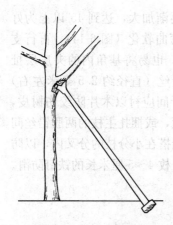

图 6-10 稍大树支棍校直

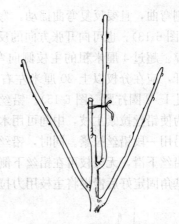

图 6-11 中心枝校直枝法

往不正，且由于中心干延长顶枝较细弱，剪口第二枝易强于第一枝。可把第一枝剪留一段长约 20 厘米的活支柱，把第二枝作中心干延长枝扶正绑在活支柱上（图 6-11）。翌年中心枝固定后剪去活支柱。在活支柱存在的生长季节，其上长出的新枝在夏剪时剪去；歪中心干较粗时，可依靠下面主枝支撑一木棍而垂直；也可在地面打一根直径稍粗大的木桩（粗度约 5 厘米以上，长 50 厘米左右），拉一条铅丝（直径 2～3 毫米）把中心干拉直。拴中心干的铅丝下应垫较硬的衬垫一般可选用三合板边角料，或直径 1.5～2.0 厘米的树枝剪成 5 厘米段，用修枝剪从中间纵向剪成两片，切口向树干垫上，最好其下再衬 1～2 层硬纸片。如事先把小木段粘在硬纸片上，应用更方便。

3. 主枝开张角度 主枝开张角度小时，与中心干夹角之间会产生死皮层，开张时不小心很易劈裂。

一般 1 年生、2 年生幼树主枝人工开张时，可先用一只手托住主枝基部防基角劈开，另一只手用力拉开主枝，拉到水平状态，使主枝基部从手托处以上一段软化，支撑时从软化处向外弯曲（图 6-12）。3 年生以上的树死皮层（夹皮层）较明显，开张时更易劈裂。因此，一般直径 3～4 厘米的主枝开张前向开张方向的左右两侧弯曲，且要反复弯曲摇动，弯曲度逐渐加大，达到 45°以上为好（图 6-13）。也可向开张方向的反方向弯曲软化（图 6-14），再行支撑。超过 4 厘米粗的主枝侧向弯曲时，也易将基角内的夹皮层扯开，应在分杈以上 20 厘米左右处用铅丝（直径约 2.5 毫米左右）扎 1～2 圈拧紧（图 6-15）。铅丝与枝干间应衬以木片防绞伤树皮，为使铅丝拉紧主枝，中间可用木棒绞紧，或捆扎主枝的两股铅丝间另用一段铅丝拉紧。同时，铅丝最好能搭在小分枝的分叉内，以防铅丝下滑，无分枝可在铅丝下侧打入一枚 4～5 厘米长的铁钉防滑。基角固定好后慢慢将主枝用力拉开。

图 6-12　手托软化后支开

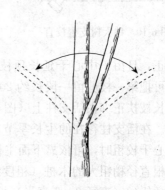

图 6-13　左右弯曲软化

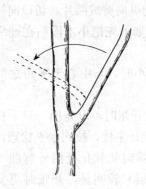

图 6-14　反向弯曲软化

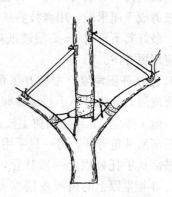

图 6-15　铅丝绞固法

　　另一种开张主枝的办法是用一木棍顶住主枝，保护基角，用力拉开主枝，使其软化，再行开张。这根支棍应选直径6～7厘米顶端有大分杈的木棍，分杈处垫一只胶鞋底钉在枝杈处，棍的下部垫整砖大小的厚木板，钉在棍头，木棍长度应超过主干高度50厘米左右。支撑时木棍应为45°左右倾斜。如支撑时感到木棍短，可在木棍下垫砖石，太长时可挖一土坑支在其中，一般稍有不合适可移动支棍着地点的远近调节。为防止木棍在撑拉软化过程中滑落，可用自己的一只脚踏在木棍上，再用手拉开主枝，稳妥可靠（图6-16）。撑开主枝用的支棍要求两端有凹口，或一端有枝杈，且杈口要宽阔，无分叉时可锯或剪成凹口。细枝用剪在枝端上下两面削半圆形斜削面，使枝端成一小平板状，且枝两端处于同一平面然后两端削成凹槽状；粗棍锯成凹口，也不必作相对的两个斜面小平板。支棍的支点一般最好要有一分杈支护防滑，无分杈时钉一4～5厘米长的钉子，细枝用小钉，粗枝选大钉（图6-17）。

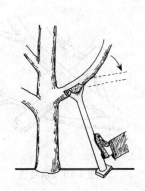

图6-16　支棍后用力踏稳

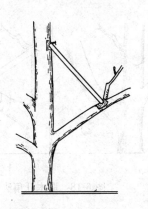

图6-17　树干光滑时可以打一铁钉

　　更粗的主枝可用取木开角法开张，即在计划开张的主枝基部背面（即外侧）用手锯横锯两道：一般相距3厘米左右，锯缝在主枝中心部相交，取掉半月状木片，拉开主枝，使锯口吻合，最后用薄塑料膜包扎好锯口（图 6-18）。此法春季展叶后最适，一是不流水，二是伤口容易愈合。但此法技术性强，对主枝削弱力强，一般不多采用。

4. 侧枝的开张　侧枝开张度要稍大于主枝，与主枝间的夹角以 45°左右为宜，但侧枝却易上翘。可把两边的侧枝或大型枝组弯曲软化，用一稍粗硬的木棍一端横压在侧枝背上，中间穿在主枝背下，另一端插在另一侧大分枝或侧枝的背上，这样就能把侧枝"别"向外侧（图 6-19），如其夹角还不够时，可另加一根支棍支撑开来。所有的调节角度措施应保持一个生长季节，角度才能固定。主侧枝延长枝有向上直立生长的特性（负向地性），基角、腰角支开了，梢角会因延长枝上翘而缩小，使开张角度总体上变小，尤其是正处于生长结果初期的树。为维持树冠主枝开张性，每年夏秋应对各级延长枝拿枝软化开角或用背后枝换头，也可用挂重物开角。

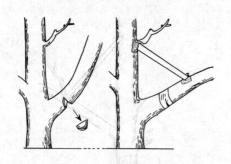

图 6-18　取木开角法

图 6-19　别枝法

另外，固定基角也可用穿心螺杆固定，效果更好（图 6-20）。小枝可用各种开角器开张（图 6-21）。开张角度一年四季均可进行，但冬季枝干较硬稍有不利，春夏枝叶繁茂易伤叶片花果，以秋季核桃采收后最好。

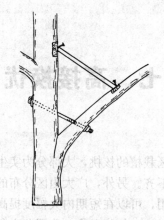

图 6-20　螺栓加固法

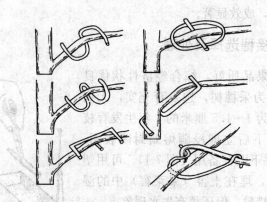

图 6-21　各种金属开角器示意图

七、高接换优

我国核桃主产区栽植的核桃，大部分为实生树，单株间差异很大，坚果品质良莠不齐。另外，广大山区分布的野生核桃也可以通过高接换优加以利用，可以在短期内大幅度提高产量和品质，提高生产效益。自 20 世纪 80 年代以来，我国北方各主产区进行了大范围推广应用，成效显著。

（一）接穗选择及处理

选择坚果品质好，综合经济性状优良的新品种作为采穗树，选发育充实，无病虫害，直径为 1～1.5 厘米的 1 年生发育枝作接穗，采下后立即浸蘸熔蜡封闭表面，5～10℃条件下贮存备用（图 7-1）。可用塑膜包好接穗，埋在土窖（果菜窖）中的湿土中，虽已蜡封，但还稍有失水现象。

图 7-1　蜡封接穗

蜡封用的是工业石蜡，将石蜡小块放入一个狭长的铁皮盒中。铁皮盒长 20 厘米左右，深和宽 10 厘米左右，融蜡半盒即可，拐角处打两个小孔，固定一根 25 厘米长的 14 号铅丝，上端有一平弯圈，供插入温度计用。石蜡加热融化，用温度计测定蜡液温度，过高时离火降温。温度计一直插在蜡液中，随时观测温度。当蜡液在 100℃左右时，用镊子夹上剪好的接穗，水平浸入蜡液中，夹着接穗不松手并迅速取出接穗，不可停留。滑落入蜡液中的接穗再捞出时即作废。蘸蜡过程中蜡温不高时，再稍加温即可；蜡温低，封蜡后易开裂脱落。

　　将欲改接的树视其大小在接前一周进行如下处理，幼树可锯留主干（接1~2条接穗），中等树可三主枝剪留20厘米，中干留50厘米（各接1~2条接穗），再大的树可按树体结构，以原树的从属关系，侧枝辅养枝留20厘米长，主枝长于侧枝行多头嫁接。锯好接头准备多头高接（图7-2）。嫁接时各树干上距地面20~30厘米处螺旋式锯3~4个锯口深达木质部1厘米进行放水（图7-3）。

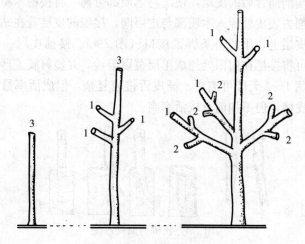

图7-2　准备多头高接
1. 主枝　2. 侧枝　3. 中心枝

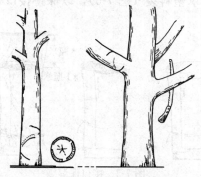

图7-3　核桃树高接前放水

（二）嫁接时期及方法

我国北方核桃枝接多在芽萌动至末花期，也就是 4 月中下旬至 5 月初。方法是采用插皮舌接法：选光滑的砧木断面下一侧，由上至下削去老皮约长 5～7 厘米，宽 1 厘米一长条形，露出皮层。带 2～3 个饱满芽的封蜡接穗削成 6～8 厘米长的大斜面，刀口切削时稍立，斜切面超过髓心后急转平削，保持斜面平滑且较薄，用手指捏开下端削面背后的皮层，使之与木质部分离，将接穗木质部从砧木断面削去表皮处插入木质部与皮层间，接穗的皮层盖在砧木削去表皮的皮层上，用塑料条绑紧接口（图 7-4）。接穗皮层一般不易分离，可将接穗在向阳处摊成单层覆以湿沙，并塑料膜盖严，保持水分，晒 1～2 天即可离皮。插皮舌接较复杂，但成活率最高；也可用插皮接，但不如前者成活率高。

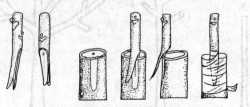

图 7-4　核桃的插皮舌接

接穗未封蜡或封蜡不严，可用报纸卷成筒状包扎于接口上，筒内填充湿土，外罩塑料袋（图 7-5），以保持接口处较高湿度，利于接穗成活。

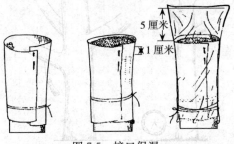

图 7-5　接口保湿

注：1 厘米为接穗顶端覆土的厚度；5 厘米为报纸顶部套的膜袋的高度。

（三）接后管理及修剪

嫁接后 15～20 天，成活的接穗开始萌动发枝，当新梢伸出袋内土面 2～3 厘米时，在保湿袋的上端应开一小口放风，接穗萌发的同时，砧木枝干也大量萌发新梢，应及早去除，展叶后去塑料袋（图 7-6）。当新梢长至 20～30 厘米长时应绑缚固定支棍防止风折。核桃枝粗叶大，大风吹来摇摆性很大。应选用较结实的支棍，支棍在砧木上要扎上下两个箍，二者距 30 厘米上下为好。随接穗伸长，新梢上再捆一道，前后在新梢上共捆两道。支棍不仅是对接穗的加固，还可通过调整支棍的开张角度和捆缚新梢，调节新梢角度，达到整形目的（图 7-7）。

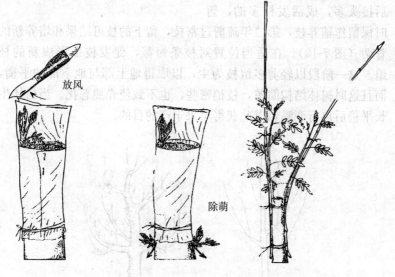

图 7-6　放风及除萌　　　　图 7-7　高接支护

核桃树放任树修剪时若结合高接换优，可以很快整出标准树形。这就要在回缩大枝时多动脑筋，运用各种修剪手段使树冠开张，主从分明，结构合理，不开张的树利用背后枝换头，一次成形。为了保证高接的效果，枝接时要注意接穗削切方向和插入接穗的方位（图 7-8）。

改接后的修剪应根据树体状况及成活率情况区别对待：核桃树无论老幼，地上部与地下部一般总会保持着生长平衡，重回缩后冒大条及高接换优后的新梢旺长就是此特性的表现（图 7-9）。高接后砧木只活 1 个头的，新梢极易旺长，可于 50～60 厘米长时摘心促发分枝，及早整成需要树形。高接后接头多，成活发枝多的，暂

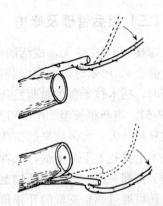

图 7-8　高接时接穗插入砧木上侧稳固

时保留作辅养枝，第二年疏剪过密枝，留下的枝可结果和培养新的骨架（图 7-10）。在适当位置对枝条短截，促发枝条形成新的枝组。这一阶段以轻剪多留枝为主，以取得地上部与地下部的平衡，而且这时树体结构简单，枝梢密些，也不致使光照恶化。当树体生长平稳后再行调整，以此获得早果丰产的目的。

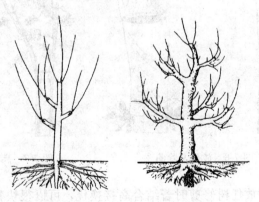

图 7-9　地上部与地下部平衡

老树高接后，当年萌发大量新枝，为使地上、地下部营养获得平衡，一般暂不疏枝，以保证根系旺盛生长。各季修剪也是以轻剪

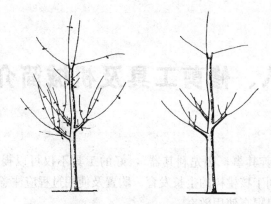

图 7-10　核桃高接树的修剪

为主，保证光照的前提下，轻剪多留枝，少短截，尽快缓出花来结果，及早恢复产量。

　　也有人主张高接换优树锯、截完之后不行枝接法，把伤口涂漆后，等到萌出新条后再行方块芽接法高接，此法较枝接法省工，也省接穗。此法于5月底6月初萌条长到粗1厘米以上时进行，先在萌条基部外侧用双刃刀开一宽2.5～3厘米的长方形接口，挑开树皮呈开门状，接芽也切成同样大小的长方块，剥取接芽时先拉开皮层，从侧向用力，辫下接芽，皮内侧芽基下要留有护芽肉——即凹处有一小块活组织，芽片纳入接口后，左右要稍宽松，扯去砧皮，用3厘米宽的地膜缚严，注意芽顶只蒙一层。砧木枝摘心促愈合，半月后剪砧，辫砧芽促萌发，后期木棍支护。没有成活的部位，可事先留数枝原树的萌芽条行芽接补充，也可当年发枝。此法可以作为高接换种的一种方法，也可作为枝接失败后的一种补救措施，以保证高接换种的效果。

八、修剪工具及机械简介

"工欲善其事，必先利其器"，好的工具不仅可以提高修剪效率，还有利于核桃树的生长发育。购置及使用过程应注意选择和仔细保养，以提高使用效率。

（一）修剪枝

修枝剪的种类很多，但基本构造相同，合格的修剪应刃口吻合密切，刀刃锋利，软硬适中，剪柄宽阔平缓，使用方便（图8-1）。

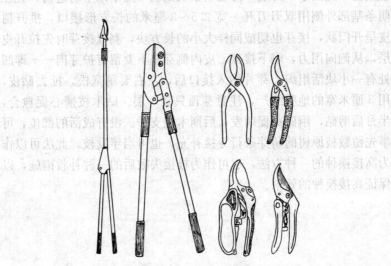

图8-1 各种枝剪

新剪刀刚购买回使用前要开刃，先用粗磨石把整个刃片初步磨出刃口，再用细油石把刃口磨利。现在有较好的剪刀出厂时已开好刃了。剪枝时特别是粗大枝只能上下转动，绝不可左右扭拧，这样极易把刀口别弯，或造成豁口、裂纹等而损坏。修枝剪不用时擦净污垢，上好黄油，放干燥处。除常见的修枝剪外，还有一种省力剪，有4个剪轴，可省力 1/2。另外，还有长把修枝剪及高枝剪，均为手动式（图8-2）。生产上还见有机动的高枝剪和锯（图8-3）。

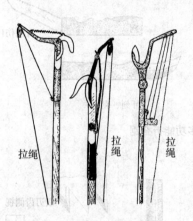

图 8-2　高枝剪 3 种

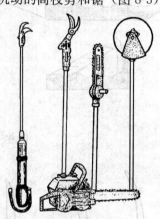

图 8-3　机动剪和锯

（二）手锯

手锯形式多种多样，一般为木质曲柄锯齿粗糙，使用费力，现在有市售的双刃齿手锯，锯齿如两排尖刀，割向树枝，阻力小，锯枝既快又省力（图8-4至图8-7），且锯口光滑。

锯枝时用力要均匀，推拉不宜过猛，锯条与被锯枝应垂直，锯口才光滑。长柄锯柄长 3～5 米不多用，疏树体高处的枝条有一定效

图 8-4　手　锯

果。锯子用完及时清除齿间污物，锯条保持光亮，下次使用顺平，长期保存也要涂油。手锯不快时用菱形锉磨齿，夹锯时用拨齿板将锯齿左右拨开些。现有不必拨齿的手锯，这种锯条有齿的一边较厚，对侧稍薄，锯口宽，锯条推拉很顺畅且锯口截面光滑。

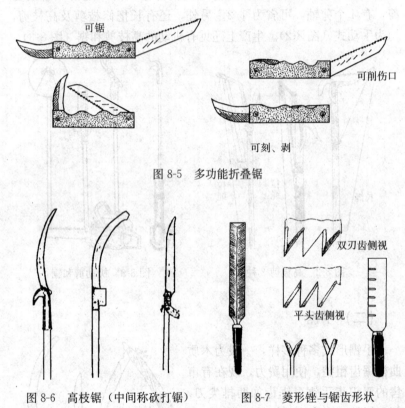

可锯

可削伤口

可刻、剥

图 8-5　多功能折叠锯

双刃齿侧视

平头齿侧视

图 8-6　高枝锯（中间称砍打锯）　　图 8-7　菱形锉与锯齿形状

（三）修剪镰及削枝刀

　　回缩及疏除大枝后，锯口常带毛茬，影响伤口愈合，精细管理中应用修剪镰或削枝刀，把锯口削平滑。此刀呈弯钩形，切削得心应手。使用前应磨锋利，用后涂油防锈（图 8-8）。

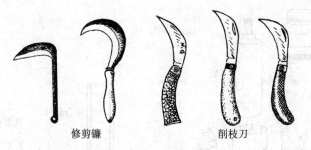

修剪镰　　　　　削枝刀

图 8-8　修剪镰、削枝刀

（四）消毒瓶刷

树体伤口及时涂药消毒，在枝干病害严重地区很重要，可用各种塑料瓶自制涂药瓶（图 8-9，图 8-10），较使用小刷提个药筒要方便得多，尤其是上到树的高处，更显其优越性。

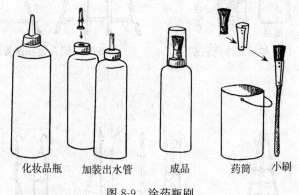

化妆品瓶　　加装出水管　　成品　　药筒　小刷

图 8-9　涂药瓶刷

（五）高梯

核桃树体高大，修剪中离不了高梯。铝合金梯是双层，使用时用绳子一拉就可升起，总高度可达 7～8 米，需靠树干才能立起。木竹类的高梯及云梯形式多样，有制作简易投资小的优点，在不同核桃产区均有应用（图 8-11 至图 8-13），果园宜用三腿梯，一只独立的腿活动自如，梯面易接近树冠，比四腿高凳使用方便，而且也稳当。

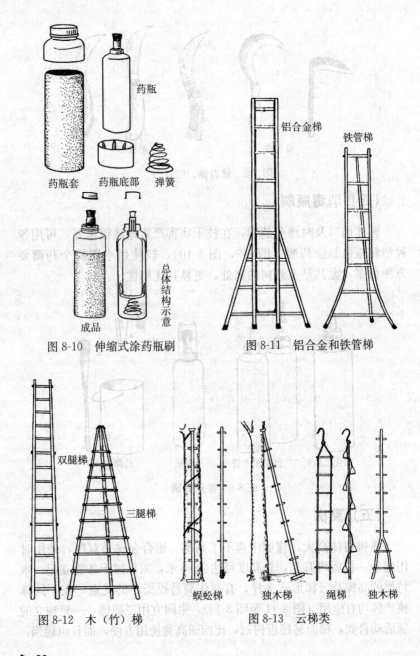

图 8-10　伸缩式涂药瓶刷

图 8-11　铝合金和铁管梯

图 8-12　木（竹）梯

图 8-13　云梯类

（六）嫁接工具

我国传统的核桃繁殖方法是实生繁殖。生产上高接换优的任务艰巨，这里介绍常见的数种嫁接工具以备选用。各种嫁接刀主要用来削接芽、接穗，还可以削平砧木伤口面，劈开接口，以锋利为好（图 8-14 至图 8-16）。在大量高接换优时，削出大量高质量的接穗任务繁重，要使专用的削接穗器（图 8-17，图 8-18），速度快、省力、效果又好。为了提高嫁接效率，国内已开发出了两种手持式嫁接器（图 8-19，图 8-20），使用效果不错。为了提高嫁接效果，生产上还常用以下器具：劈接锤、开皮刀及接蜡熔锅（图 8-21 至图 8-23）。劈接锤是打击劈接刀背，劈开砧木用的，这里有硬橡胶锤和硬木锤两种，用它们打不坏刀具。如用铁锤则易把刀打坏。开皮刀是皮下接（插皮接）时用于接穗开口的刀，既可撑开树皮又能划开纵刀口。现河南郑州生产一种自粘式嫁接塑胶带，绑扎后可自动粘牢，不必打结，还不粘手，使嫁接速度大大提高，各种嫁接方法均可使用。硬质接蜡使用时要用火加热，有一个熔蜡锅就方便多了。可用酒精加热，柴油加热烟多，汽油是千万不可用的，易引起爆炸。现在还新开发出一种弯刃枝接刀，做皮下接时，接穗长削面能一刀削成凹槽形和砧木圆柱形木质部精密吻合，成活率更高。

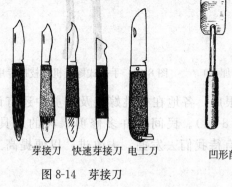

芽接刀　快速芽接刀　电工刀

图 8-14　芽接刀

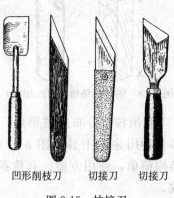

凹形削枝刀　切接刀　切接刀

图 8-15　枝接刀

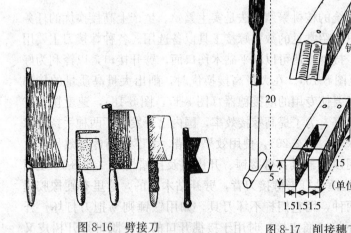

图 8-16　劈接刀　　　　　　图 8-17　削接穗工具

铲架

切舌刀

20

5

1.5 1.5 1.5

（单位：厘米）

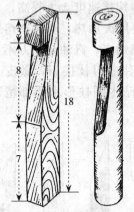

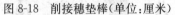

3

8

18

7

图 8-18　削接穗垫棒（单位：厘米）　　图 8-19　手持式嫁接机（枝接专用）

　　我国核桃分布区域很广，各地在核桃嫁接及修剪中还有许多各种用途的工具（图 8-24）。民间有许多修剪果树的工具，结构简单，使用方便。有待我们去发掘，去改进，以便提高工效。

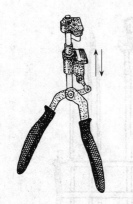

图 8-20 嫁接钳（枝接专用）

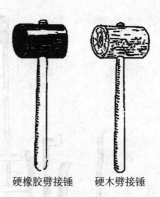

硬橡胶劈接锤   硬木劈接锤

图 8-21 劈接锤

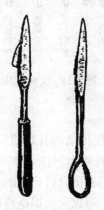

图 8-22 开皮刀

图 8-23 接蜡熔锅

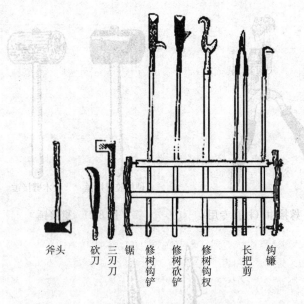

斧头　砍刀　三刃刀　锯　修树钩铲　修树砍铲　修树钩杈　长把剪　钩镰

图 8-24　民间工具

（七）修剪机械

1. 升降平台　为液压传动的升降机，在立地条件许可时用升降平台可以大大提高修剪效率（图 8-25 至图 8-27）。国外应用较多，本页介绍的两种都是我国自行研制的，各有特色。其上安装有高压空气控制的气动剪，可以大大提高修剪效率。

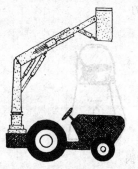

图 8-25　3GS-8 型修枝整形机

图 8-26　泰安 1 型修剪自动升降台

图 8-27　修剪平台

2. 枝条收集机　拖拉机携带的耙状装置，把剪下的枝条归拢、集中（图 8-28）。使用于平坦地区的大型核桃园。

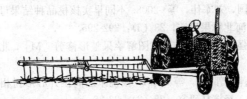

图 8-28　枝条收集机

3. 树枝粉碎机　可将剪下的树枝粉碎后施于田间作肥料（图8-29）。目前用核桃残枝作燃料的很少了，大量的残枝无处堆放，可粉碎后施于田间作有机肥。目前园林绿化部门在推广这种机械，果树生产上也可借鉴。

图 8-29　树枝粉碎机

主要参考文献

傅耕夫,李 泽,段良骅,贾秀英.1990.落叶果树整形修剪图解 [M].北京:农业出版社.

高书宝,张河济,2005.扶风早实核桃枝条短截试验初报 [J].经济林研究,23(4):54-56.

李迎超,李保国,刘军伟,等.2008.不同早实核桃品种结果母枝结实能力的研究 [J].河北林果研究,23(3):292-295.

马宝焜,杜国强,张学英.2009.图解苹果整形修剪 [M].北京:中国农业出版社.

齐国辉,郭素萍,郭 军,等.2007.核桃单层高位开心形树相指标及光照特性研究 [J].经济林研究,25(2):23-26.

齐国辉,李保国,黄瑞虹,等.2008.早实核桃新品种的生物学特性 [J].经济林研究,26(2):39-43.

吴国良,2010.核桃无公害高效生产技术 [M].北京:中国农业出版社.

吴国良,段良骅.2000.现代核桃整形修剪技术图解 [M].北京:中国林业出版社.

吴国良,刘群龙,郑先波,等.2009.核桃种质资源研究进展 [J].果树学报,26(4):539-545.

王根宪,2009.秦巴山区早实核桃良种栽培中存在的问题及应对措施 [J].陕西农业科学,(1):102-103,130.

王红霞,张志华,玄立春.2007.我国核桃种质资源及育种研究进展 [J].河北林果研究,22(4):387-392.

郗荣庭.1980.果树栽培学总论:第三版 [M].北京:中国农业出版社.

郗荣庭,张毅萍.1995.中国果树志:核桃卷[M].北京:中国林业出版社.

郗荣庭,张毅萍.1992.中国核桃 [M].中国林业出版社.

张志华,丁平海,郗荣庭,等.1997.核桃休眠期修剪理论研究 [J].果树科学,14(4):240-243.

图书在版编目（CIP）数据

图解核桃整形修剪/吴国良等编著 . —北京：中
国农业出版社，2011.12（2019.6 重印）
ISBN 978 - 7 - 109 - 16217 - 4

Ⅰ.①图…　Ⅱ.①吴…　Ⅲ.①核桃—修剪—图解
Ⅳ.①S664.105 - 64

中国版本图书馆 CIP 数据核字（2011）第 218349 号

中国农业出版社出版
（北京市朝阳区农展馆北路 2 号）
（邮政编码 100125）
责任编辑　黄　宇

———————————

中农印务有限公司印刷　　新华书店北京发行所发行
2012 年 1 月第 1 版　　2019 年 6 月北京第 6 次印刷

———————————

开本：880mm×1230mm 1/32　印张：3.5
字数：88 千字
定价：15.00 元
（凡本版图书出现印刷、装订错误，请向出版社发行部调换）